深圳地区特色动植物探索

杨忠顺　陈　朋 ◎ 编著

东北师范大学出版社

长　春

图书在版编目（CIP）数据

深圳地区特色动植物探索 / 杨忠顺，陈朋编著. —
长春：东北师范大学出版社，2021.1
ISBN 978-7-5681-7521-0

Ⅰ.①深… Ⅱ.①杨… ②陈 Ⅲ.①动物－介绍－
深圳 ②植物－介绍－深圳 Ⅳ.①Q958.526.51
②Q948.526.51

中国版本图书馆CIP数据核字（2021）第020827号

□责任编辑：石　斌　　　　　　　□封面设计：言之凿
□责任校对：刘彦妮　张小娅　　　□责任印制：许　冰

东北师范大学出版社出版发行
长春净月经济开发区金宝街 118 号（邮政编码：130117）
电话：0431-84568115
网址：http://www.nenup.com
北京言之凿文化发展有限公司设计部制版
北京政采印刷服务有限公司印装
北京市中关村科技园区通州园金桥科技产业基地环科中路 17 号（邮编：101102）
2021年1月第1版　2021年3月第1次印刷
幅面尺寸：170mm×240mm　印张：14.75　字数：226千

定价：45.00元

CONTENTS

目 录

第一章 动植物分类

第二章 植物简介

目录

第三章　动物简介

动植物分类

人类在很早以前就能识别物类，给予名称。汉初的《尔雅》把动物分为虫、鱼、鸟、兽四类：虫包括大部分无脊椎动物，鱼包括鱼类、两栖类、爬行类等低级脊椎动物及鲸、虾、蟹、贝类等，鸟是鸟类，兽是哺乳类。这是中国古代最早的动物分类。

近代分类学诞生于18世纪，它的奠基人是瑞典植物学者林奈。林奈为物种分类解决了两个关键问题：一是建立了双名制，每一物种都有一个学名，由两个拉丁化名词组成，第一个代表属名，第二个代表种名；二是确立了阶元系统，林奈把自然界分为植物、动物和矿物三界，在动植物界下，又设有纲、目、属、种四个级别，从而确立了分类的阶元系统。

由于林奈的进化观点在当时没有得到公认，因而对分类学影响不大。直到1859年，达尔文的《物种起源》出版以后，进化思想才在分类学中得到贯彻，明确了分类研究在于探索生物之间的亲缘关系，使分类系统成为生物系谱——系统分类学由此诞生。

动植物分类概述

植物学与动物学是以动植物等生物为研究对象，以形态解剖、系统分类、动植物与环境之间的关系为主要研究内容的基础性学科。人们与动植物的关系非常密切，随着科学技术的不断发展，人们对各种各样的动植物的了解也在不断深入。目前，对动植物的分类采用界（Kingdom）、门（Phylum）、纲（Class）、目（Order）、科（Family）、属（Genus）、种（Species）加以分类。

动植物的分类设立各种单位，即分类等级。分类等级的高低常以动植物之间亲缘关系的远近、形态的相似性和构造的繁简程度来确定。

动植物各个分类等级按照其高低和从属关系顺序进行排列：首先，将动植物分为动物界和植物界，然后将动植物界的各种类别按其相同点归为若干门，每门分为若干纲，纲中分目，目中分科，科再分属，属再分种。

种是生物分类的基本单位，是生物体演变过程中在客观实际中存在的一个环节。它们具有许多共同特征，呈现为性质稳定的繁殖群体，占有一定自然分布区，由具有实际或潜在繁殖能力的居群所组成。

随着环境因素和遗传基因的变化，种内的各居群会产生比较大的变异，因此出现了种以下的分类等级，即亚种（Subspecies）、变种（Varietas）和变型（Forma）。另外还有品种（Curtivar，cu），为人工栽培植物的种内变异的居群。

现以金樱子（Rosa laevigata）和叉尾太阳鸟（Aethopyga latouchii）为例展示其分类等级。

植物界 Plantae

被子植物门 Angiospermae

双子叶植物纲 Dicotyledoneae

蔷薇目 Rosales

蔷薇科 Rosaceae

蔷薇亚科 Rosoideae

蔷薇属 Rosa

金樱子 Rosa laevigata

动物界 Animalia

脊索动物门 Chordata

鸟纲 Aves

平胸超目 Ratitae

雀形目 Passeriformes

太阳鸟科 Nectariniidae

太阳鸟属 Aethopyga

叉尾太阳鸟 Aethopyga latouchii

植物的分类

　　植物分为种子植物、藻类植物、苔藓植物、蕨类植物等，其中种子植物又分为裸子植物和被子植物。被子植物的器官一般可分为根、茎、叶、花、果实和种子六个部分。被子植物的器官依据其生理功能，通常又可分为两大类：一类称为营养器官，包括根、茎、叶，它们共同起着吸收、制造和供给植物体所需要的营养物质的作用，使植物得以生长、发育；另一类称为繁殖器官，包括花、果实和种子，它们主要起着繁殖后代、延续种族的作用。各种植物都具有形态各异的器官形态，这些不同的形态是传统的植物分类依据。

一、根的类型和形态

　　根主要的功能有吸收、输导、固着、支持、储藏和繁殖等。

　　1. 根的类型

　　从根的发生部位分可将根分为主根、侧根和纤维根。主根由种子的胚根直接发育而来，主根侧面生长出来的分支称为侧根，在侧根上形成的小分支称纤维根。

　　从根的发生起源分可将根分为定根和不定根。主根、侧根和纤维根都是直接或者间接由胚根生长出来，有固定的生长部位，所以称为定根；有些根从茎、叶或其他部位生长出来，没有一定的位置，称为不定根。

　　2. 根系的类型

　　一株植物地下部分所有根的总和称为根系。根系一般分为直根系和须根系。直根系，主根发达，主根和侧根界限明显；须根系，主根不发达或早期死亡，形成许多大小、长短相仿的不定根，簇生成胡须状，没有主次之分。

3. 根的变态

在长期的发展过程中，植物为了适应生长环境的变化，根的形态产生了许多变化，常见的有以下几种。①贮藏根：根部分肥大或全部肥大，其内贮藏大量营养物质；②支持根：自茎上产生一些不定根深入土壤中，增强支持茎干的力量；③气生根：由茎上产生，不深入土壤中而暴露在空气中的不定根；④附着根：攀缘植物在茎上生出不定根，用于攀附物体，使其茎向上生长；⑤水生根：水生植物的根漂浮在水中，呈须状；⑥寄生根：寄生植物的根深入寄主组织内，吸取寄主体内的水分和营养物质。

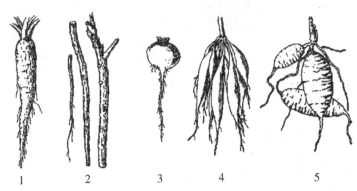

1.圆锥根　2.圆柱根　3.圆球根　4.块根（纺锤状）　5.块根（块状）

根的变态（地下部分）

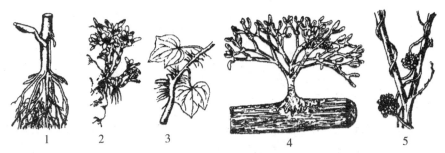

1.支持根（玉米）　2.气生根（石斛）

3.攀缘根（常春藤）　4.寄生根（槲寄生）　5.寄生根（菟丝子）

根的变态（地上部分）

二、茎的形态和类型

茎是种子植物重要的营养器官，通常生长在地面以上，但有些植物的茎或部分茎生长在地下。茎有输导、支持、储藏和繁殖的功能。

1.乔木　2.灌木　3.草本　4.缠绕藤本　5.攀缘藤本　6.匍匐茎

茎的类型

1. 茎的外形

茎一般呈圆柱形，有的呈方形（四棱茎），如唇形科植物紫苏；有的呈三角形，如莎草科植物香附子；有的呈扁平形，如仙人掌。茎常为实心，也有些植物的茎是空心的，或有节。

2. 茎的变态

茎的变态可分为地上茎的变态和地下茎的变态两大类。

（1）地上茎的变态

常见的地上茎的变态有以下几种。①叶状茎或叶状枝：茎变为绿色的扁平状或针叶状，易被误认为叶；②刺状茎：茎变为刺状，通常粗短、坚硬，不分枝；③钩状茎：通常呈钩状，粗短、坚硬，无分枝，位于叶腋，由茎的侧轴变态而成；④茎卷须：常见于攀缘植物，茎变为卷须状，柔软卷曲；⑤小块茎、小鳞茎：由腋芽或不定芽发育形成小块茎，或由腋芽、花芽发育形成小鳞茎，这两种茎都具有繁殖作用；⑥假鳞茎：附生兰科植物茎的基部肉质膨大，呈块状或球状。

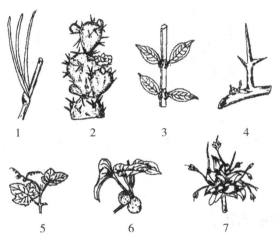

1.叶状枝（天门冬）　2.叶状茎（仙人掌）　3.钩状茎（钩藤）　4.刺状茎（皂荚）
5.茎卷须（葡萄）　6.小块茎〔山药的珠芽（零余子）〕　7.小鳞茎（洋葱花序）

地上茎的变态

（2）地下茎的变态

地下茎与根类似，但区别于根，具有茎的特征。①根状茎：常横卧于地下，节和节间明显，节上有退化的鳞片叶，有顶芽和腋芽；②块茎：肉质肥大，呈不规则块状，与块根相似，但有很短的节间，节上有芽及鳞片状退化叶或早期枯萎脱落叶；③球茎：肉质肥大，呈球形或扁球形，有明显的节和缩短的节间，节上有较大的膜质鳞片，顶芽发达，基部有不定根；④鳞茎：呈球形或扁球形，茎极度缩短成鳞茎盘，被肉质肥厚的鳞叶包围，基部生不定根。

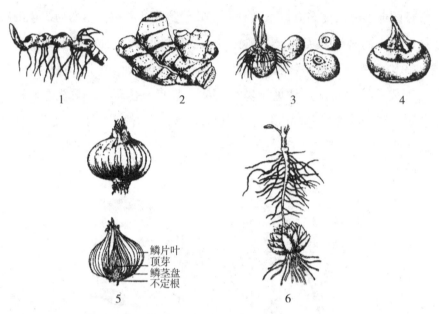

1.根茎（玉竹）　2.根茎（姜）　3.块茎（半夏：左为新鲜品，右为除外皮的药材）
4.球茎（荸荠）　5.鳞茎（洋葱）　6.鳞茎（百合）

地下茎的变态

三、叶的形态和类型

叶起源于茎尖周围的叶原基。发育成熟的叶一般由叶片、叶柄和托叶三部分组成。

1. 叶的形状

叶片的大小、形状变化很大，随植物种类而异，甚至同一植株的叶片形状也不一样，但一般同一种植物的叶片形状是比较稳定的，在分类学上常作为鉴别植物的依据。叶片的尖端简称叶

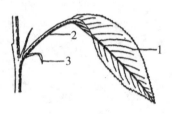

1.叶片　2.叶柄　3.托叶
叶的组成部分

端或叶尖，叶片的基部简称叶基，叶片的边缘称叶缘。叶脉即叶片中的维管束，有输导和支持作用，具有多种类型。

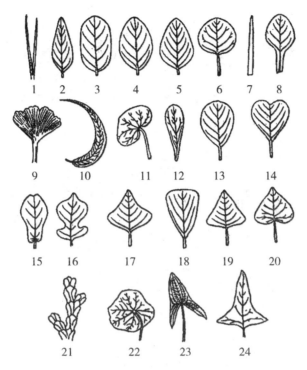

1.针形　2.披针形　3.矩圆形　4.椭圆形　5.卵形　6.圆形　7.条形　8.匙形
9.扇形　10.镰形　11.肾形　12.倒披针形　13.倒卵形　14.倒心形　15、16.提琴形
17.菱形　18.楔形　19.三角形　20.心形　21.鳞形　22.盾形　23.箭形　24.戟形

叶片的形状

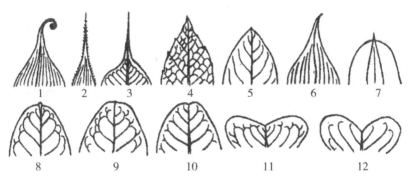

1.卷须叶　2.芒尖　3.尾尖　4.渐尖　5.急尖　6.骤尖　7.凸尖
8.微凸　9.钝形　10.微凹　11.微缺　12.倒心形

叶端的形状

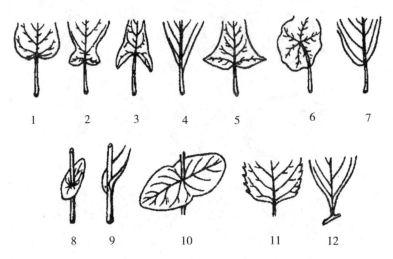

1.心形　2.耳形　3.箭形　4.楔形　5.戟形　6.盾形　7.歪斜
8.穿茎　9.抱茎　10.全生穿茎　11.截斜　12.渐狭

叶基的形状

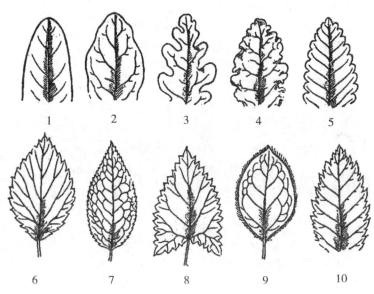

1.全缘　2.浅波状　3.深波状　4.皱波状　5.圆齿状
6.锯齿状　7.细锯齿状　8.牙齿状　9.睫毛状　10.重锯齿状

叶缘的形态

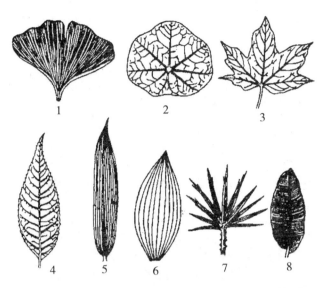

1.分叉状脉　2、3.掌状网脉　4.羽状网脉　5.直出平行脉
6.弧形脉　7.射出平行脉　8.横出平行脉

叶脉的种类

2. 叶片的分裂，单叶和复叶

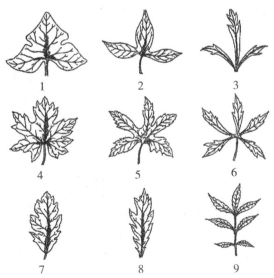

1.三出浅裂　2.三出深裂　3.三出全裂　4.掌状浅裂
5.掌状深裂　6.掌状全裂　7.羽状浅裂　8.羽状深裂　9.羽状全裂

叶片的分裂

植物的叶片常是全缘或仅叶缘有齿或细小缺刻，但有些植物的叶片叶缘缺刻深而且大，形成分裂状，常见的叶片分裂有羽状分裂、掌状分裂和三出分裂三种。

植物的叶有单叶和复叶两类。一个叶柄上只生一个叶片的称为单叶，一个叶柄上生有两个或两个以上叶片的称为复叶。

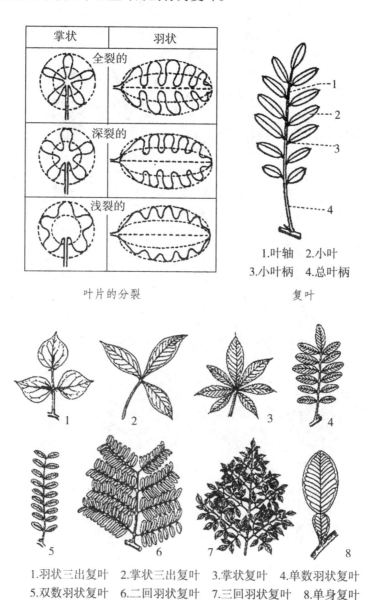

叶片的分裂

1.叶轴　2.小叶
3.小叶柄　4.总叶柄

复叶

1.羽状三出复叶　2.掌状三出复叶　3.掌状复叶　4.单数羽状复叶
5.双数羽状复叶　6.二回羽状复叶　7.三回羽状复叶　8.单身复叶

复叶的类型

3. 叶序

叶在茎上排列的次序或方式称为叶序。常见的叶序有互生、对生、轮生、簇生等。

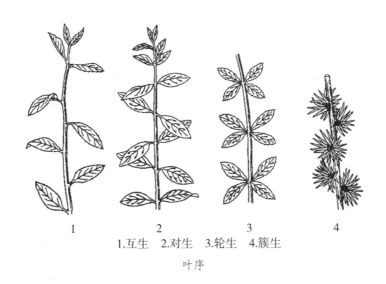

1.互生　2.对生　3.轮生　4.簇生

叶序

习　题

1. 植物的主根由_____发育而来。

2. 被子植物的器官分为_____和_____两大类。

3. 叶由_____、_____、_____组成。

4. 番薯是植物的_____。

A. 圆球根　　　　B. 贮藏根　　　　C. 地下茎　　　D. 主根

5. 洋葱的食用部分属于_____。生姜的食用部分属于_____。

A. 块根　　　　　B. 贮藏根　　　　C. 根茎　　　　D. 主根

6. 根的主要功能是什么?

7. 常见的叶序排列方式有哪些?

8. 绘图描述二回羽状复叶。

四、花

花是种子植物特有的繁殖器官，通过传粉、受精，形成果实和种子，起着繁衍后代、延续种族的作用，所以种子植物又称为显花植物。

1. 花的组成

花通常由花梗、花托、花被、雌蕊群和雄蕊群五部分组成。花被是花萼和花冠的总称，多数植物具有分化明显的花萼和花冠。花冠是一朵花中所有花瓣的总称，位于花萼的上方或内方，花边常有各种鲜艳的颜色。

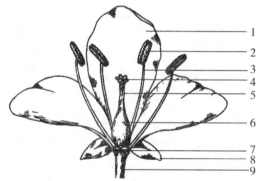

1.花瓣　2.花药　3.花丝　4.柱头　5.花柱　6.子房　7.花托　8.花萼　9.花梗

花的组成部分

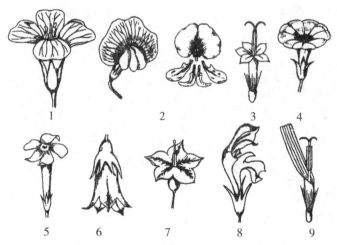

1.十字形　2.蝶形　3.管状　4.漏斗状　5.高脚碟状
6.钟状　7.辐状　8.唇形　9.舌状

花冠的类型

　　花中所有的雄蕊称为雄蕊群，典型的雄蕊由花丝和花药组成。一朵花中，雄蕊的数目、长短、离合、排列方式等随植物的种类而异。常见的雄蕊类型有：单体雄蕊、二体雄蕊、二强雄蕊、四强雄蕊、多体雄蕊、聚药雄蕊；少数花的雄蕊不见花药或仅见痕迹，称不育雄蕊或退化雄蕊。

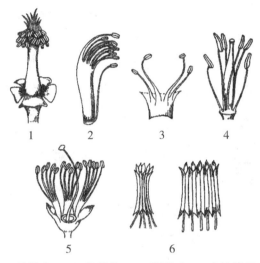

1.单体雄蕊　2.二体雄蕊　3.二强雄蕊　4.四强雄蕊　5.多体雄蕊　6.聚药雄蕊

雄蕊的类型

　　花中所有的雌蕊称为雌蕊群。雌蕊由心皮构成，心皮是适应生殖的变态叶。雌蕊由柱头、花柱和子房三部分组成。子房在花托上不同的着生位置及其与花被、雄蕊之间关系的变化，使子房的位置分为子房上位、子房下位和子房半下位三种。

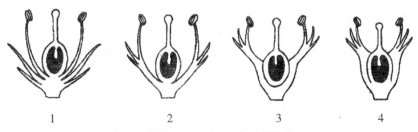

1.子房上位（下位花）　2.子房上位（周位花）

3.子房半下位（周位花）　4.子房下位（上位花）

子房的位置简图

2. 花序

花在花枝或花轴上排列的方式和开放的顺序称为花序。部分植物的花单生于茎的顶端或叶腋，称单生花；多数植物的花按照一定的顺序排列在花枝上而形成花序。花序可分为无限花序和有限花序。

无限花序，是指在开花期间，花序轴的顶端继续向上生长，并不断产生新的花蕾，花由花序轴的基部向顶端依次开放，或由缩短膨大的花序轴边缘向中心依次开放。主要包括总状花序、穗状花序、伞房花序、葇荑花序、肉穗花序、伞形花序、头状花序、隐头花序、复总状花序、复伞形花序。

1.总状花序（洋地黄）　2.穗状花序（车前）　3.伞房花序（梨花）　4.葇荑花序（杨树）

5.肉穗花序（天南星）　6.伞形花序（人参）　7.头状花序（向日葵）

8.隐头花序（无花果）　9.复总状花序（女贞）　10.复伞形花序（小茴香）

无限花序的类型

有限花序，是指在开花期间，花序轴顶端或中心的花先开，花序轴不能继续向上生长，只能在顶花下方产生侧轴，侧轴又是顶花先开。主要包括单歧聚伞花序（螺旋状聚伞花序、蝎尾状聚伞花序）、二歧聚伞花序、多歧聚伞花序和轮伞花序。

1.螺旋状聚伞花序（玻璃草）　2.蝎尾状聚伞花序（唐菖蒲）　3.二歧聚伞花序（大叶黄杨）
4.多歧聚伞花序（泽漆）　5.轮伞花序（薄荷）

有限花序的类型

五、果实

果实是被子植物特有的繁殖器官，一般由受精后雌蕊的子房发育形成。果实外披果皮，内含种子，具有保护种子和散播种子的作用。果实的类型很多，根据果实的来源、结构和果皮性质的不同可分为单果、聚合果和聚花果三大类。

1. 单果

单果是由单雌蕊或复雌蕊形成的果实，即一朵花只结一个果实，依果皮质地又分为肉质果和干果。肉质果包括浆果、柑果、核果、梨果和瓠果。干果根据果皮开裂或不开裂分为裂果和不裂果。裂果包括蓇葖果、荚果、角果、蒴果，不裂果包括颖果、瘦果、翅果、坚果、胞果和双悬果。

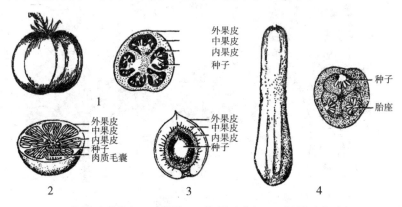

1.浆果（番茄）　2.柑果　3.核果（杏）　4.瓠果（黄瓜）

单果类肉质果

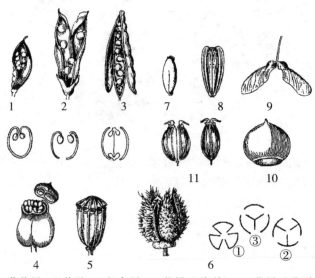

1.蓇葖果　2.荚果　3.长角果　4.蒴果（盖裂）　5.蒴果（孔裂）
6.蒴果（纵裂）！①室间开裂　②室背开裂　③室轴开裂
7.颖果　8.瘦果　9.翅果　10.坚果　11.双悬果

单果类干果

2. 聚合果

聚合果是由一朵花中许多离生雌蕊形成的果实，分为聚合浆果、聚合核果、聚合蓇葖果、聚合瘦果和聚合坚果。

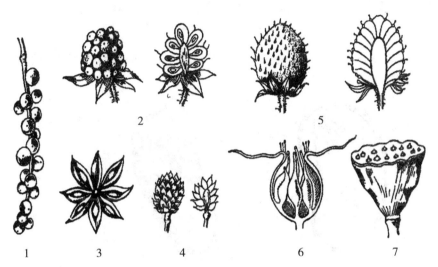

1.聚合浆果　2.聚合核果　3.聚合蓇葖果　4~6.聚合瘦果（蔷薇果）　7.聚合坚果

聚合果

3. 聚花果

聚花果是由整个花序发育成的果实，如桑葚、凤梨等。

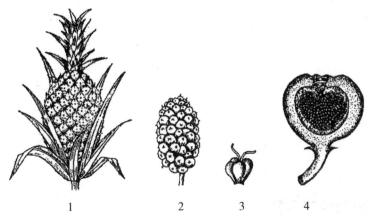

1.凤梨　2.桑葚　3.桑葚的一个带有花被的小果实　4.无花果

聚花果

六、种子

种子是种子植物特有的器官，由胚珠受精后发育而成，其主要功能是繁殖。种子的形状、大小、色泽、表面纹理等随植物种类不同而异。

种子植物分为单子叶植物和双子叶植物。下面分别以玉米种子（单子叶）和菜豆种子（双子叶）为例进行介绍。单子叶植物和双子叶植物的种子结构如下。

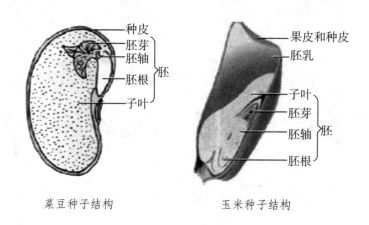

菜豆种子结构　　　　　　　　玉米种子结构

习题

1. 被子植物的繁殖器官有＿＿＿＿、＿＿＿＿、＿＿＿＿。

2. 花通常由＿＿＿＿、＿＿＿＿、＿＿＿＿、＿＿＿＿、＿＿＿＿五部分组成。

3. 根据果实的来源、结构和果皮性质，果实一般可以分为＿＿＿＿、＿＿＿＿、＿＿＿＿。

4. 列举常见雄蕊群的类型。

5. 请描述无限花序和有限花序的特点。

6. 请列出常见水果中的三种聚花果。

七、植物种的命名

根据《国际植物命名法规》，植物的学名必须用拉丁文或其他文字加以拉丁化来书写。种的名称采用了瑞典植物学家林奈倡导的"双名法"，由两个拉丁词组成，前面是属名，第二个是种加词，后面附上命名人的姓名，一种植物完整的学名包括三部分，以金樱子（Rosa laevigata Michx.）为例。

| 属名 | + | 种加词 | + | 命名人 |

Rosa　　+　　laevigata　　+　　Michx.

动物的分类

　　动物的分类是以动物形态或解剖的相似性和差异性的总和为基础的。根据古生物学、比较胚胎学、比较解剖学上的许多证据，基本上能反映动物界的自然类缘关系，称为自然分类系统。分类学根据生物之间相同、相异的程度与亲缘关系的远近，使用不同等级特征将生物逐级分类。动物分类系统由大而小有界（Kingdom）、门（Phylum）、纲（Class）、目（Order）、科（Family）、属（Genus）、种（Species）等几个重要的分类等级（分类阶元）（category）。

　　国际上除制定了上述分类等级外，还统一规定了种和亚种的命名方法，以便于生物学工作者之间的联系。目前统一采用的物种命名法是"双名法"。它规定每一个动物都应有一个由两个拉丁字或拉丁化的文字组成的学名（Science name）。前面一个字是该动物的属名，后面一个字是其种本名。例如，狼的学名为 Canis lupus，意大利蜂的学名为Apis mellifera。属名用主格单数名词，第一个字母要大写；种本名用形容词或名词等，第一字母无须大写。学名之后还附加定名人的姓氏，如Apis mellifera Linnaeus即表示意大利蜂这个种是由林奈定名的。写亚种的学名时，须在种名之后加上亚种名，构成通常所称的三名法。例如，北狐是狐的一个亚种，其学名为Vulpes vulpes schiliensis。

　　动物学者根据细胞数量与分化、体型、胚层、体腔、体节、附肢以及内部器官的结构和特点等，将整个动物界分为若干门，有的门大，包括的种类多；有的门小，包括的种类很少。正如前面已指出的，种以上各等级既具有客观性，又具有主观性，学者们对于动物门的数目及各门动物在动物进化系统上的位置持有不同的见解，并根据新的准则、新的证据，不断提出新的观点。

例如，腹毛类和轮虫，有的人将其各立为门，也有的人将它们列入线形动物门中，作为纲；原气管动物为节肢动物门中的一个纲，但也有人将其等级提升为门，在分类系统上置于环节动物之前的位置上。对于软体动物在分类系统上的位置排列也有不同的意见。近年来根据许多学者的意见，动物界分为如下33门：原生动物门、中生动物门、多孔动物门、扁盘动物门、刺胞动物门、栉水母动物门、扁形动物门、纽形动物门、颚胃动物门、轮虫动物门、腹毛动物门、动吻动物门、线虫动物门、线形动物门、鳃曳动物门、棘头动物门、内肛动物门、铠甲动物门、环节动物门、螠虫动物门、星虫动物门、须腕动物门、缓步动物门、有爪动物门、节肢动物门、软体动物门、腕足动物门、外肛动物门、帚虫动物门、毛颚动物门、棘皮动物门、半索动物门、脊索动物门。

第二章

植物简介

深圳地区属南亚热带海洋性季风气候区，雨量充沛，植被类型多样复杂，自低海拔至高海拔，形成南亚热带沟谷季雨林、南亚热带低地常绿阔叶林、山地常绿阔叶林、南亚热带山地灌草丛。此外，南亚热带常绿针叶林及针阔叶混交林、南亚热带红树林及半红树林、人工植被等在深圳分布广泛。

据《深圳植物志》统计，深圳共有野生维管植物213科2080种，其中种子植物184科1894种。这些植物对于深圳和周边地区的生态平衡以及植物资源的保护和利用具有重要价值。此外，深圳又是中国经济社会改革和对外开放的前沿，这给深圳的植物物种多样性的保护造成巨大的威胁，因此合理、有效、科学地保护深圳植物物种的多样性对深圳社会、经济的可持续发展将产生深远影响。

深圳地区的植物

蚌壳蕨科Dicksoniaceae

蚌壳蕨科（所有种）植物植株高大，密被金黄色长柔毛，孢子囊群生于叶背面，囊群盖两瓣开裂，形似蚌壳状，革质，为国家二级重点保护野生植物。

◆ 金毛狗Cibotium barometz（Linn.）J. Sm ◆

别名： 百枝、蚌壳蕨、扶筋、狗脊、猴毛头、黄狗蕨等。

深圳分布： 南澳、排牙山、梧桐山。生长于海拔200~450米的山地林下。

※形态特征： 植株树状，根状茎粗大直立，密被金黄色长茸毛，形如金毛狗头。顶端生出一丛大叶，叶片为革质，三回羽裂；末回裂片镰状披针形。柄长达120厘米，粗2~3厘米，棕褐色，基部被有一大丛垫状的金黄色茸毛，长10厘米，有光泽，上部光滑；叶片大，长达180厘米，宽约与之相等，广卵状三角形，三回羽状分裂；下部羽片为长圆形，长达80厘米，宽20~30厘米，有柄（长3~4厘米），互生，远离；一回小羽片长约15厘米，宽2.5厘米，互生，开展，接近，有小柄（长2~3毫米），线状披针形，长渐尖，基部为圆截形，羽状深裂几达小羽轴；末回裂片线形，略呈镰刀形，长1~1.4厘米，宽3毫米，尖头，开展，上部的向上斜出，边缘有浅锯齿，中脉两面凸出，侧脉两面隆起，斜出，但在不育羽片上分为二叉。叶片为革质或厚纸质，干后上面为褐色，有光泽，下面为灰白色或灰蓝色，两面光滑，或小羽轴上下两面略有短褐毛疏生；孢子

囊群在每一末回能育裂片1~5对，生于下部的小脉顶端，囊群盖坚硬，为棕褐色，横长，圆形，两瓣状，内瓣较外瓣小，成熟时张开如蚌壳，露出孢子囊群；孢子为三角状的四面形，透明。

金毛狗的茎　　　　　　金毛狗的叶　　　　　　金毛狗的囊群

苏铁科Cycadaceae

苏铁科植物为常绿木本植物，树干粗壮，单生或丛生；叶痕呈螺旋状排列，像盔甲包围树干；雌雄异株，雌雄花单生于树干顶。种子为核果状，耐火性强。

◆ 苏铁Cycas revoluta Thunb ◆

别名：避火蕉、凤尾草、凤尾蕉、辟火蕉、铁树、美叶苏铁。

深圳分布：仙湖植物园、荔枝公园、东门、园林绿地、道路绿地、私人庭院等。

※形态特征：树干高约2米，少数可达8米或更高，圆柱形，有明显螺旋状排列的菱形叶柄残痕。羽状叶从茎的顶部生出，下层的向下弯，上层的向斜上方伸展，整个羽状叶的轮廓呈倒卵状狭披针形，长75~200厘米，叶轴横切面为四方状圆形，柄略呈四角形，两侧有齿状刺，水平或略向斜上方伸展，刺长2~3毫米；羽状裂片达100对以上，条形，厚革质，坚硬，长9~18厘米，宽4~6毫米，向斜上方微展，呈"V"字形，边缘显著地向下反卷，上部微渐窄，先端有刺状尖头，基部窄，两侧不对称，下侧下延生长，上面为深绿色有光泽，中央微凹，凹槽内有稍隆起的中脉，下面浅绿色，中脉显著隆起，两侧有疏柔毛或无毛。雄球花为圆柱形，长30~70厘米，径8~15厘米，有短梗，小孢子叶

窄，呈楔形，长3.5~6厘米，顶端宽平，其两角近圆形，宽1.7~2.5厘米，有急尖头，尖头长约5毫米，直立，下部渐窄，上面近于龙骨状，下面中肋及顶端密生黄褐色或灰黄色长绒毛，花药通常为3个，聚生；大孢子叶长14~22厘米，密生淡黄色或淡灰黄色绒毛，上部的顶片卵形至长卵形，边缘羽状分裂，裂片12~18对，条状钻形，长2.5~6厘米，先端有刺状尖头，胚珠2~6枚，生于大孢子叶柄的两侧，有绒毛。种子为红褐色或橘红色，倒卵圆形或卵圆形，稍扁，长2~4厘米，径1.5~3厘米，密生灰黄色短绒毛，后渐脱落，中种皮木质，两侧有两条棱脊，上端无棱脊或棱脊不显著，顶端有尖头。花期为6月—7月，种子于10月成熟。

苏铁树　　　　　　　中肋及顶端密生的绒毛　　　　　大孢子密生的绒毛

杉科Taxodiaceae

杉科植物为乔木，树干端直，球花单性，雌雄同株，球花的雄蕊和珠鳞均螺旋状着生，种子有窄翅。现今杉科的诸种类皆为孑遗植物。

◆ 落羽杉Taxodium distichum（Linn.）Rich ◆

别名：落羽松。

深圳分布：仙湖植物园、东湖公园等地。常栽植于湖边、水塘边。

※形态特征：落叶乔木，在原产地高达50米，胸径可达2米；树干尖削度大，干基通常膨大，常有屈膝状的呼吸根；树皮为棕色，裂成长条片脱落；枝条水平开展，幼树树冠呈圆锥形，老则呈宽圆锥状；新生幼枝为绿色，到冬季则变为棕色；生叶的侧生小枝排成两列。叶为条形，扁平，基部扭转在小枝上列成两列，呈羽状，长1~1.5厘米，宽约1毫米，先端尖，上面中脉凹下，为淡绿色，下面为黄绿色或灰绿色，中脉隆起，每边有4~8条气孔线，凋落前变成暗红褐色。雄球花卵为圆形，有短梗，在小枝顶端排列成总状花序状或圆锥花序状。果呈球形或卵圆形，有短梗，向下斜垂，熟时为淡褐黄色，有白粉，径约2.5厘米；种鳞木质，盾形，顶部有明显或微明显的纵槽；种子为不规则三角形，有锐棱，长1.2~1.8厘米，褐色。球果于10月成熟。

落羽杉树

落羽杉叶

落羽杉雄球花卵

罗汉松科Podocarpaceae

罗汉松科植物为常绿乔木或灌木，叶多型，球花单性，雌雄异株，稀同株；雄球为花穗状，种子为核果状或坚果状。

◆ 罗汉松 Podocarpus macrophyllus（Thunb.）D.Don ◆

别名：土杉、罗汉杉。

深圳分布：仙湖植物园、东涌、西涌等地。

花语：长寿、守财、吉祥。

※形态特征：乔木，高达20米，胸径达60厘米；树皮为灰色或灰褐色，浅纵裂，成薄片状脱落；枝开展或斜展，较密。叶螺旋状着生，条状披针形，微弯，长7~12厘米，宽7~10毫米，先端尖，基部为楔形，上面为深绿色，有光泽，中脉显著隆起，下面带白色、灰绿色或淡绿色，中脉微隆起。雄球呈花穗状，腋生，常3~5个簇生于极短的总梗上，长3~5厘米，基部有数枚三角状苞片；雌球花单生叶腋，有梗，基部有少数苞片。种子为卵圆形，径约1厘米，先端圆，熟时肉质假种皮为紫黑色，有白粉，种托肉质为圆柱形，红色或紫红色，柄长1~1.5厘米。花期为4月—5月，种子于8月—9月成熟。

罗汉松树

罗汉松枝

罗汉松雄球

罗汉松种子

习 题

1. 金毛狗蕨是国家_____保护植物。

2. 蕨类植物是_____植物。

A. 被子植物　　　B. 裸子植物　　C. 隐花植物　　D. 维管植物

3. 苏铁的种子是_____。

A. 核果　　　　　B. 菁葵果　　　C. 核果状　　　D. 坚果

4. 请描述深圳地区的气候类型和植被分布构成。

5. 简述落羽杉的形态特点。

6. 简述罗汉松科的形态特点。

木兰科Magnoliaceae

木兰科植物为木本，单叶不分裂，具有原始的花，是显花植物中较为古老的几个科之一，花被片通常呈花瓣状；子房上位，虫媒传粉。

◆ 深山含笑Michelia maudiae Dunn ◆

别名：莫夫人含笑花、光叶白兰花。

深圳分布：七娘山、南澳、排牙山、梧桐山、塘朗山。生长于海拔400~900米的山坡林中。

※形态特征：乔木，高达20米，各部均无毛；树皮薄，为浅灰色或灰褐色；芽、嫩枝、叶下面、苞片均被白粉。叶，为革质，呈长圆状椭圆形，部分为卵状椭圆形，长7~18厘米，宽3.5~8.5厘米，先端骤狭短渐尖或短渐尖而尖头钝，基部呈楔形、阔楔形或近圆钝，上面为深绿色，有光泽，下面为灰绿色，被白粉，侧脉每边7~12条，直或稍曲，至近叶缘开叉网结，网眼致密。叶柄长1~3厘米，无托叶痕。花梗为绿色，有3环状苞片脱落痕，佛焰苞状苞片为淡褐色，薄革质，长约3厘米；花芳香，花被片9片，纯白色，基部稍呈淡红色，外轮呈倒卵形，长5~7厘米，宽3.5~4厘米，顶端有短急尖，基部有长约1厘米的爪，内两轮则渐狭小，呈近匙形，顶端尖；雄蕊长1.5~2.2厘米，药隔伸出长1~2毫米的尖头，花丝宽扁，为淡紫色，长约4毫米；雌蕊群长1.5~1.8厘米，雌

蕊群柄长5~8毫米。心皮为绿色，狭卵圆形，连花柱长5~6毫米。聚合果长7~15厘米，蓇葖为长圆体形、倒卵圆形、卵圆形、顶端圆钝或具短突尖头。种子为红色，为斜卵圆形，长约1厘米，宽约5毫米，稍扁。花期为2月—3月，果期为9月—10月。

深山含笑树

深山含笑叶

深山含笑佛焰苞状苞片

深山含笑花被片

紫茉莉科Nyctaginaceae

紫茉莉科植物为草本、灌木或乔木，单叶，对生、互生或假轮生，全缘，具柄，无托叶。花辐射对称，单生、簇生或成聚伞花序、伞形花序；常具苞片或小苞片；花被单层，常为花冠状；宿存瘦果状掺花果包在宿存花被内，有棱或槽，有时具翅，常具腺。

◆ 叶子花Bougainvillea spectabilis Willd ◆

别名：三角梅、勒杜鹃、九重葛。
深圳分布：莲花山公园、仙湖植物园，深圳各街道及公共绿地均有栽培。原产于南美洲。

趣谈

三角梅的传说

很久以前，老城绣衣池街巷里，有一位绣花姑娘，名叫小梅。小梅姑娘不仅人长得秀气文静，而且绣花的手艺远近闻名，吟诗作画也很在行。所以来绣衣池找她的不仅有来切磋绣花技艺，谈女红的少妇，还有不少公子哥儿慕名前来，一时间使得幽深的绣衣池变成文人雅士、闺中佳媛的聚集地。

小梅虽然出身低微，却有不少富家公子青睐她。在这些富家公子中，有一个温泉盐灶灶主的公子，名叫曾新。曾公子一表人才且才华横溢。交往中，小梅姑娘不觉芳心暗动。可是曾公子虽然年轻，却是一个十分传统的人，在婚姻问题上，坚守"父母之命，媒妁之言"。面对小梅姑娘抛来的"绣球"，竟以"父母早有婚约"为由予以婉拒。

"如果可以，我愿随你天涯海角，布衣粗食，亦无所怨！"

"梅，那么多爱上你的人，为何你就不能动一下心？"

"在小梅的心里，真心爱的人只有一个，既然爱上，就不后悔！"

"梅，实在对不住，我不能娶你……"

曾公子的无情，深深地刺痛了一个自尊、好强的姑娘的心。她送走了远去求学的曾公子，心里空荡荡的。

在那个年代，一个出身贫贱的绣花姑娘，广泛接触文人学士，其实就是想将自己的刺绣作品传扬出去。这些刺绣由于精美绝伦，巧夺天工，活灵活现，竟引得远在河南圃田（现位于河南郑州郑东新区）的一个名叫胡应能的诗人诗兴大发，写出了"绣成安向春园里，引得黄莺下柳条"的传世佳句。

此诗几经辗转，传到小梅姑娘手中，她被诗人的才华深深打动，她想：能写出如此动人诗篇的，一定是个风流倜傥、气宇不凡的人，也一定是个对刺绣极端欣赏的人。此时恰有客商下河南，小梅姑娘便决定带上自己的刺绣佳作去会一会这位诗人，不让此生留有遗憾。

尽管路上千辛万苦，但小梅姑娘从没有产生过打道回府的念头。好不容易来到河南圃田，一经打听，原来这个诗人并非小梅姑娘心中所想的那样是一个风流倜傥，气宇不凡的名人学士，而是一个修补锅碗盆缸的匠人，人称"胡钉铰"，他隐居圃田，且穷困潦倒，作诗不多，能让人记住的就只有四首。

当小梅姑娘见到这位诗人时，他已卧病在床，家里四壁空空。一番交谈后，小梅姑娘不觉暗暗为这位颇有才气却时运不济的诗人叹息，她决定留下来照顾他的后半生。外人只知道"胡钉铰"家来了个远房妹子，对他关怀备至。其实人们哪里知道，千里来寻，只为知音。她用刺绣作品换了一些钱，渐渐地当地也有一些人来找她刺绣。小梅并不满足于自己的手艺，虚心向当地人学习，这使她的刺绣水平得到进一步提高。

　　一位素昧平生的姑娘千里迢迢跑来照料他，胡应能百感交集，他很想写点什么，可是却怎么也写不出来——情到深处已无言！小梅姑娘安慰他："有你那两句诗，我心已知足。"

　　胡应能去世后，小梅姑娘又回到了故乡，她大爱无疆、勇敢追求真爱的故事也从河南传到了家乡。后来小梅姑娘终身未嫁，在她死后下葬的山野里，人们发现了一种花，心形的叶子，三角形的花。开得最灿烂的时候，总是一大片一大片，或红，或紫，或粉，在阳光下闪烁着耀眼的光芒。人们觉得这花一定是小梅姑娘的化身，"独傲红颜长不逝，春风来去总怀情"，所以将其命名为"三角梅"。

三角梅

　　没有真爱是一种悲伤，是在"没有"中弃世，还是在"没有"中重新绽放？三角梅沉默不语。然而，它让我们看到了一份坚强与忠贞——真爱是纯白的给予，与世无争；真爱是无悔的倾情，平实坚定；真爱是送给自我的一丛鲜花，光彩夺目。

　　三角梅原产于南美洲的巴西、秘鲁、阿根廷。20世纪50年代，南方各省的植物园和北方大城市的展览温室内逐渐大量引种栽培三角梅，现全国各地普遍栽培，并广泛用于室内阳台、窗台和公共场所的点缀等。

　　花语：热情、坚韧不拔、顽强奋进。

　　※形态特征：藤状灌木。枝、叶密生柔毛；刺腋生、下弯。叶片呈椭圆形或卵形，基部呈圆形，有柄。花序为腋生或顶生；苞片为椭圆状卵形，基部为

圆形至心形，长2.5~6.5厘米，宽1.5~4厘米，为暗红色或淡紫红色；花被呈管狭筒形，长1.6~2.4厘米，绿色，密被柔毛，顶端5~6裂，裂片开展，为黄色，长3.5~5毫米；雄蕊通常有8枚，子房具柄。果实长1~1.5厘米，密生毛。花期为冬春间。

粉色叶子花　　　　　　黄色叶子花

红色叶子花　　　　　　玫红色叶子花

紫色叶子花　　　　　　白色叶子花

杜英科Elaeocarpaceae

杜英科植物为常绿木本，花两性，总状花序，萼片4~5；花瓣与萼片同数，镊合状，先端常撕裂，稀不存在。

◆ 长芒杜英Elaeocarpus apiculatus Mast ◆

别名：尖叶杜英、毛果杜英。

深圳分布：仙湖植物园、莲塘、东门北路，深圳各园林和公共绿地均有栽培。

※形态特征：乔木，高达30米，胸高直径达2米（据野外采集记录），树皮为灰色；小枝粗壮，直径8~12毫米，被灰褐色柔毛，有多数圆形的叶柄遗留斑痕，干后皱缩多直条纹。叶聚生于枝顶，革质，呈倒卵状，披针形，长11~20厘米，宽5~7.5厘米，先端钝，偶有短小尖头，中部以下渐变狭窄，基部窄而钝，或为窄圆形，上面深绿色而发亮，干后为淡绿色，下面初时有短柔毛，不久变秃净，仅在中脉上面有微毛，全缘，或上半部有小钝齿，侧脉12~14对，网脉在上面明显，在下面突起；叶柄长1.5~3厘米，有微毛。总状花序生于枝顶叶腋内，长4~7厘米，有花5~14朵，花序轴被褐色柔毛；花柄长8~10毫米，花长1.5厘米，直径1~2厘米；花芽呈披针形，长1.2厘米；萼片6片，狭窄，呈披针形，长1.4厘米，宽1.5~2毫米，外面被褐色柔毛；花瓣呈倒披针形，长1.3厘米，内外两面被银灰色长毛，先端7~8裂，裂片长3~4毫米；雄蕊45~50枚，长1厘米，

花丝长2毫米，花药长4毫米，顶端有长3~4毫米的芒刺；花盘5裂，不明显分开，有浅裂；子房被毛，3室，花柱长9毫米，有毛。核果呈椭圆形，长3~3.5厘米，有褐色茸毛。花期为8月—9月，果实在冬季成熟。

长芒杜英树

长芒杜英花

长芒杜英果实

长芒杜英核果

椴树科Tiliaceae

椴树科植物为乔木、灌木或草本，具星状毛，单叶互生。花两性，整齐，5基数；子房上位。蒴果为核果状果或浆果。

◆ 破布叶Microcos paniculata Linn ◆

别名：布渣叶。

深圳分布：梧桐山、仙湖植物园、内伶仃岛，深圳各地均有公布。生长于海拔15~400米的沟谷林中或林缘。

※形态特征：灌木或小乔木，高3~12米，树皮粗糙，嫩枝有毛。叶为薄革质，呈卵状长圆形，长8~18厘米，宽4~8厘米，先端渐尖，基部呈圆形，两面初时有极稀疏的星状柔毛，以后变秃净，三出脉的两侧脉从基部发出，向上行超过叶片中部，边缘有细钝齿；叶柄长1~1.5厘米，被毛；托叶为线状披针形，长5~7毫米。顶生圆锥花序，长4~10厘米，被星状柔毛，苞片披针形，花柄短小，萼片长圆形，长5~8毫米，外面有毛；花瓣为长圆形，长3~4毫米，下半部有毛；腺体长约2毫米；雄蕊多数，比萼片短；子房呈球形，无毛，柱头呈锥形。核果近球形或倒卵形，长约1厘米，果柄短。花期为6月—7月。

破布叶树　　　　　　　　　　　破布叶花

破布叶果实

梧桐科Sterculiaceae

梧桐科植物在我国主产于西南部至东部，其中有些木材很有用，有些产纤维，有些种类的种子可供食用。叶互生，为单叶或指状复叶，有托叶；花两性或单性，辐射对称；子房上位；果干燥或肉质，开裂或不开裂。

◆ 银叶树Heritiera littoralis Dryand ◆

别名：大白叶仔、银叶板根。

深圳分布：葵涌、大鹏、排牙山，深圳各地均有分布。生长于海拔0~50米的海岸林中。

趣谈

龙岗区古银叶树简介

龙岗区葵涌街道坝光居委会盐灶社区一棵300多岁银叶树的故事。编号为722的古银叶树静静地躺在古树丛中，几乎齐根折断。从断面看去，古树约四分之三的树干腐烂，树心已空洞化，而其约2米高的板根则像一幅根雕山水画，用手摸起来像石头一样坚实。古树保护专家感慨道："树也是有生命的，生老病死是自然规律。"

有关古银叶的故事

据当地一名村民介绍，他很小的时候常和一群小朋友树荫下，坐在板根上听大人们讲古银叶树的故事。几百年前，由于盐灶社区临海，海风特别大，地薄，庄稼很难生长，村民经常忍饥挨饿。漂洋过海到海外谋生的先辈从东南亚带回了银叶树的种子，种下了这片银叶树，没想到银叶树生命力如此旺盛且长寿。枝叶相连的银叶树为村民挡风挡潮，成了当地人的"生命树"。据说"大跃进"时，有人曾想伐掉这些古银叶树炼钢铁，当地村民誓死护卫，才使这片古树林保存下来。

※**形态特征：**常绿乔木，高约10米；树皮为灰黑色，小枝幼时被白色鳞秕。叶为革质，呈矩圆状披针形、椭圆形或卵形，长10~20厘米，宽5~10厘米，顶端锐尖或钝，基部钝，上面无毛或几无毛，下面密被银白色鳞秕；叶柄长1~2厘米；托叶为披针形，早落。圆锥花序，腋生，长约8厘米，密被星状毛和鳞秕；花为红褐色，呈萼钟状，长4~6毫米，两面均被星状毛，5浅裂，裂片呈三角形，长约2毫米；雄花的花盘较薄，有乳头状突起，雌雄蕊柄短而无毛，花药4~5个在雌雄蕊柄顶端排成一环；雌花的心皮4~5枚，柱头与心皮同数且短而向下弯。果为木质，呈坚果状，近椭圆形，光滑，干时为黄褐色，长约6厘米，宽约3.5厘米，背部有龙骨状突起；种子呈卵形，长2厘米。花期为4月—5月，果期为6月—10月。

银叶树

银叶树花　　　　　　　　　　银叶树果实

◆ 苹婆 Sterculia nobilis Smith ◆

别名：枇杷果、七姐果、凤眼果。

深圳分布：深圳各村落和果场。

苹婆果实的作用

广东习俗中，苹婆果实是七姐诞的祭品，若没有便会用假苹婆果实代替。由于苹婆年产量少，加上祭祀习俗很少，甚至没有，故很少有大量种植的果园，只有零星种植。

※形态特征：乔木，树皮为褐黑色，小枝幼时略有星状毛。叶为薄革质，呈矩圆形或椭圆形，长8~25厘米，宽5~15厘米，顶端急尖或钝，基部浑圆或钝，两面均无毛；叶柄长2~3.5厘米，托叶早落。圆锥花序，顶生或腋生，柔弱且披散，长达20厘米，有短柔毛；花梗远比花长；萼初时为乳白色，后转为淡红色，钟状，外面有短柔毛，长约10毫米，5裂，裂片呈条状，披针形，先端渐尖且向内曲，在顶端互相黏合，与钟状萼筒等长；雄花较多，雌雄蕊柄弯曲，无毛，花药为黄色；雌花较少，略大，子房呈圆球形，有5条沟纹，密被毛，花

柱弯曲，柱头5浅裂。蓇葖果为鲜红色，厚革质，呈矩圆状卵形，长约5厘米，宽2~3厘米，顶端有喙，每个果内有种子1~4个；种子为椭圆形或矩圆形，黑褐色，直径约1.5厘米。花期为4月—5月，但在10月—11月常可见少数植株开第二次花。

苹婆树　　　　　　　　　苹婆幼枝　　　　　　　　　苹婆种子

◆ 昂天莲 Ambroma augusta（Linn.）Linn. f ◆

别名：鬼棉花、仰天盅、水麻、假芙蓉。

深圳分布：仙湖植物园。

※形态特征：灌木，高1~4米，小枝幼时密被星状茸毛。叶呈心形或卵状心形，有时为3~5浅裂，长10~22厘米，宽9~18厘米，顶端急尖或渐尖，基部呈心形或斜心形，上面无毛或被稀疏的星状柔毛，下面密被短茸毛，基生脉3~7条，叶脉在两面均凸出；叶柄长1~10厘米；托叶呈条形，长5~10毫米，脱落。聚伞花序，有花1~5朵；花为红紫色，直径约5厘米；萼片5枚，近基部连合，呈披针形，长15~18毫米，两面均密被短柔毛，花瓣5片，为红紫色，呈匙形，长2.5厘米，顶端急尖或钝，基部凹陷且有毛，与退化雄蕊的基部连合；发育的雄

蕊15枚，每3枚集合成一群，在退化雄蕊的基部连合并与退化雄蕊互生，退化雄蕊5枚，近匙形，两面均被毛；子房呈矩圆形，长约1.5毫米，略被毛，5室，有5条沟纹，长约1.5毫米，花柱呈三角状舌形，长约为子房的1/2。蒴果膜质，为倒圆锥形，直径3~6厘米，被星状毛，具5纵翅，边缘有长绒毛，顶端截形；种子多数，呈矩圆形，黑色，长约2毫米。花期为8月—10月，果期为10月—12月。

昂天莲树

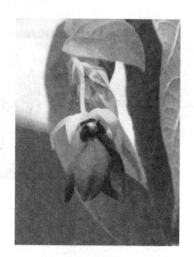

昂天莲花

昂天莲蒴果

昂天莲蒴果种子

木棉科Bombacaceae

木棉科植物主要分布于我国的云南和广东、广西一带。落叶乔木；叶互生，为单叶或为指状复叶，托叶早落；花大，辐射对称；蒴果室背开裂或不开裂；种子常有棉毛。

◆ 瓜栗Pachira macrocarpa（Cham. et Schlecht）◆

别名：中美木棉、马拉巴栗、水瓜栗、发财树。

深圳分布：仙湖植物园、福田，深圳城乡均有栽培。

趣谈

瓜栗的传说

一般认为这是出自《邴原别传》的一则故事。一个叫邴原的人，在路上拾得一串钱，由于找不到失主，于是把钱挂在一棵瓜栗上。随后路过此地的人，见瓜栗树上有钱，以为是神树，于是纷纷把自己的钱也挂在树上，以祈求来日获得更多的钱，从此人们就把瓜栗树称为发财树。

花语：招财进宝、财源滚滚、兴旺发达、前程似锦。

※形态特征：小乔木，高4~5米，树冠较松散，幼枝为栗褐色，无毛。小叶5~11片，具短柄或近无柄，呈长圆形至倒卵状长圆形，渐尖，基部为楔形，

全缘，上面无毛，背面及叶柄被锈色星状茸毛；中央小叶长13~24厘米，宽4.5~8厘米，外侧小叶渐小；中肋表面平坦，背面强烈隆起，侧脉16~20对，几平伸，至边缘附近联结为一圈波状集合脉，其间网脉细密，均于背面隆起；叶柄长11~15厘米。花单生于枝顶叶腋，花梗粗壮，长2厘米，被黄色星状茸毛，脱落；萼呈杯状，近革质，高1.5厘米，直径1.3厘米，疏被星状柔毛，内面无毛，截平或具3~6枚不明显的浅齿，宿存，基部有2~3枚圆形腺体；花瓣为淡黄绿色，狭披针形至线形，长达15厘米，上半部反卷；雄蕊管较短，分裂为多数雄蕊束，每束再分裂为7~10枚细长的花丝，花丝连雄蕊管长13~15厘米，下部为黄色，向上变为红色，花药呈狭线形，弧曲，长2~3毫米，横生；花柱长于雄蕊，为深红色，柱头小，5浅裂。蒴果近梨形，长9~10厘米，直径4~6厘米，果皮厚，木质，近乎黄褐色，外面无毛，内面密被长棉毛，开裂，每室种子多数。种子大，为不规则的梯状楔形，长2~2.5厘米，宽1~1.5厘米，表皮为暗褐色，有白色螺纹，内含多胚。花期为5月—11月，果先后成熟，种子落地后自然萌发。

瓜栗树

瓜栗花

瓜栗果实

◆ 木棉Bombax ceiba DC ◆

别名：攀枝花、斑芝树、斑芝棉、英雄树、红棉。

深圳分布：梧桐山、仙湖植物园，深圳城乡均有分布。

趣谈

文化差异

傣族文化：古籍中曾多次提到傣族织锦：取材于木棉的果絮，称为"桐锦"，闻名中原；用木棉的花絮或纤维作为枕头、床褥的填充料，十分柔软舒适；在餐桌上，用木棉花瓣烹制而成的菜肴也时有出现。此外，在傣族情歌中，少女们常把自己心爱的小伙子夸作高大的木棉树。

汉族文化：木棉最早以木棉树的意义出现在东晋葛洪的《西京杂记》中。西汉时，南越王赵佗向汉帝进贡木棉树，"高一丈二尺，一本三柯，至夜光景欲燃"。粤人以木棉为棉絮，做棉衣、棉被、枕垫，唐代诗人李琮有"衣裁木上棉"之句。唐朝郑熊的《番禺杂记》载："木棉树高二三丈，切类桐木，二三月花既谢，芯为绵。彼人织之为毯，洁白如雪，温暖无比。"最早称木棉为"英雄"的是清人陈恭尹，他在《木棉花歌》中形容木棉花"浓须大面好英雄，壮气高冠何落落"。

现当代文化：广州早在1930年就曾定木棉花为市花，1982年再次选定其为市花。因为木棉开红花，所以当地人也叫它红棉花。广州市到处可看到"红棉亭"。广州人以鲜艳似火的大红花比喻英雄大无畏的精神，因此木棉树又被称为"英雄树"，木棉花也就成了"英雄花"，而以木棉做行道树的路段就叫"英雄路"。

开花的木棉树

木棉花

木棉棉絮

木棉蒴果

木棉花歌

粤江二月三月来，千树万树朱花开。

有如尧时十日出沧海，更似魏宫万炬环高台。

覆之如铃仰如爵，赤瓣熊熊星有角。

浓须大面好英雄，壮气高冠何落落！

后出棠榴枉有名，同时桃杏惭轻薄。

祝融炎帝司南土，此花毋乃群芳主？

巢鸟须生丹凤雏，落花拟化珊瑚树。

岁岁年年五岭间，北人无路望朱颜。

愿为飞絮衣天下，不道边风朔雪寒。

花语：珍惜身边的人，珍惜身边的幸福。

※形态特征：落叶大乔木，高可达25米，树皮为灰白色，幼树的树干通常有圆锥状的粗刺，分枝平展。掌状复叶，小叶5~7片，长圆形至长圆状披针形，长10~16厘米，宽3.5~5.5厘米，顶端渐尖，基部阔或渐狭，全缘，两面均无毛，羽状侧脉15~17对，上举，其间有1条较细的2级侧脉，网脉极细密，两面微凸起，叶柄长10~20厘米，小叶柄长1.5~4厘米，托叶小。花单生枝顶叶腋，通常为红色，有时为橙红色，直径约10厘米；萼为杯状，长2~3厘米，外面无毛，内密被淡黄色短绢毛，萼齿3~5厘米，呈半圆形，高1.5厘米，宽2.3厘米，花瓣为

肉质，呈倒卵状长圆形，长8~10厘米，宽3~4厘米，两面被星状柔毛，但内面较疏；雄蕊管短，花丝较粗，基部粗，向上渐细，内轮部分花丝上部分2叉，中间10枚雄蕊较短，不分叉，外轮雄蕊多，集成5束，每束花丝10枚以上，较长；花柱长于雄蕊。蒴果为长圆形，钝，长10~15厘米，粗4.5~5厘米，密被灰白色长柔毛和星状柔毛；种子多数，为倒卵形，光滑。花期为3月—4月，果夏季成熟。

未开花的木棉树

木棉树幼树树干

木棉树分枝

习 题

1. 深山含笑的苞片呈_____状。

2. 深山含笑的果实类型是_____。

3. 长芒杜英的花序是_____。

4. 瓜栗是_____科植物。

5. 描述杜英科植物的特点。

6. 描述椴树科植物的特点。

7. 银叶树为什么又称海漂植物？

锦葵科Malvaceae

锦葵科植物纤维发达，两性花，辐射对称分布，有副萼，单体雄蕊，花药一室，花粉粒大，具刺，有蒴果或分果。

◆ 垂花悬铃花Malvaviscus arboreus var. penduliflorus（DC.）Schery ◆

别名：悬铃花、大红袍、卷瓣朱槿。

深圳分布：仙湖植物园，深圳各公园及公共绿地均有分布。

垂花悬铃花名字的由来

在植物界有一种开着奇特红花的植物，它的花瓣永不会打开，好似少女含羞紧裹红袍，于绿叶间保持最美的姿态，被称为"永不开放的花"，它就是垂花悬铃花。垂花悬铃花可以说是不开花的朱槿，与其说它不会开花，不如说它的花瓣不会张开，只有雄蕊和雌蕊伸出花瓣外，所以又叫大红袍或卷瓣朱槿。

※**形态特征**：灌木，高达2米，小枝被长柔毛。叶呈卵状披针形，长6~12厘米，宽2.5~6厘米，先端长尖，基部呈广楔形至近圆形，边缘具钝一齿，两面近于无毛或仅脉上被星状疏柔毛，主脉3条；叶柄长1~2厘米，上面被长柔毛；托

叶为线形，长约4毫米，早落。花单生于叶腋，花梗长约1.5厘米，被长柔毛；小苞片呈匙形，长1~1.5厘米，边缘具长硬毛，基部合生；萼呈钟状，直径约1厘米，裂片5，较小苞片略长，被长硬毛；花为红色，下垂，筒状，仅于上部略开展，长约5厘米，雄蕊柱长约7厘米，花柱分枝10枚。

悬铃花植株

悬铃花

◆ 朱槿Hibiscus rosa-sinensis Linn ◆

别名：状元红、桑槿、大红花、佛桑、扶桑。

深圳分布：仙湖植物园，深圳各公园及公共绿地均有分布。

朱槿的历史

我国对朱槿（扶桑）的栽培观赏历史悠久，甚至将其视为神树。《山海经·海外东经》云："汤谷上有扶桑，十日所浴，在黑齿北。"郭璞注："扶桑，木也。"《楚辞·九歌·东君》云："暾将出兮东方，照吾槛兮扶桑。"

王逸注："日出，下浴于汤谷，上拂其扶桑，爰始而登，照曜四方。"汉代《海内十洲记·带洲》云："多生林木，叶如桑。又有椹，树长者二千丈，大二千余围。树两两同根偶生，更相依倚，是以名为扶桑也。"

　　西晋植物学家嵇含所著的《南方草木状》中，就有关于朱槿的记载，内容如下："朱槿花，茎叶皆如桑，叶光而厚，树高止四五尺，而枝叶婆娑。自二月开花，至中冬即歇。其花深红色，五出，大如蜀葵，有蕊一条，长於花叶，上缀金屑，日光所烁，疑若焰生。一丛之上，日开数百朵，朝开暮落。插枝即活。出高凉郡。一名赤槿，一名日及。"晋代陶潜的《闲情赋》云："悲扶桑之舒光，奄灭景而藏明。"逯钦立校注："扶桑，传说日出的地方。这里代指太阳。"

　　唐代李白的《代寿山答孟少府移文书》云："将欲倚剑天外，挂弓扶桑。"传说日出于扶桑之下，拂其树杪而升，因谓为日出处，亦代指太阳。唐代诗人李绅的《朱槿花》诗曰："瘴烟长暖无霜雪，槿艳繁花满树红。繁叹芳菲四时厌，不知开落有春风。"

　　宋代《太平御览》卷九五五引郭璞《玄中记》云："天下之高者，扶桑无枝木焉，上至天，盘蜿而下屈，通三泉。"宋代诗人蔡襄酷爱朱槿，在漳州做写事判官时，晚秋季节，在西耕园驿庭园内看到数十株朱槿，当即作诗赞赏，不久他离开漳州东下，临行前特地去观看朱槿，又作诗一首。15年后，他再次来到漳州，专程去观赏朱槿，并写了一篇小序，将前后15年3次观赏朱槿之事记录下来留作纪念。15年之久不忘朱槿，诗人爱此花之深可见一斑。

　　明代凌云翰的《关山雪霁图》云："扶桑飞上金毕逋，暗水流澌度空谷。"《本草纲目》云："东海日出处有朱槿树，此花光艳照日，其叶似桑，因以比之，后人讹为佛桑，乃木槿别种，故日及诸名，亦与之同。"李时珍认为佛桑是朱槿之误。

　　清代李调元所著的《南越笔记》中记载："佛桑一名花上花。花上复花，重台也。即朱槿。"他认为佛桑是指一种花上有花的朱槿品种。清代吴震方的《岭南杂记》载："扶桑花，粤中处处有之，叶似桑而略小，有大红、浅红、黄三色，大者开泛如芍药，朝开暮落，落已复开，自三月至十月不绝。"清代颜光敏在《望华山》中云："天鸡晓彻扶桑涌，石马宵鸣翠辇过。"

　　朱槿的各种名称，现代已经混用，可以称呼所有类型的朱槿，但古代却不一样。即使是在古代，各名称的定义也不一样。例如，现代无论是何颜色的花，都可以称为朱槿，但在古代只有开红色花的才叫朱槿。西晋的《南方草木状》中记载："其花深红色。"明代李时珍所著的《本草纲目》第三十六卷《木部三·木之三·灌木类》中记载："朱槿，产南方，乃木槿别种，其枝柯柔弱，叶深绿，微涩如桑，其花有红、黄、白三色，红色者尤贵，呼为朱槿。"晚清屈大均所著的《广东新语》中记载："佛桑，枝叶类桑，花丹色者名朱槿，白者曰白槿……"

　　古代妇女以朱槿簪于发间。当今江南庭院种植朱槿之多，北方的盆栽朱槿之多，不亚于其他奇花异草。这不仅是由于它的美，恐怕也是由于它向人们索取的少，而供人们欣赏的多，这也是它能在全国各地广为栽种的原因。

白色朱槿

红色朱槿

黄色朱槿

粉色朱槿

※**形态特征**：常绿灌木，高约1~3米；小枝呈圆柱形，疏被星状柔毛。叶呈阔卵形或狭卵形，长4~9厘米，宽25厘米，先端渐尖，基部为圆形或楔形，边缘具粗齿或缺刻，两面除背面沿脉上有少许疏毛外均无毛；叶柄长5~20毫米，上面被长柔毛；托叶呈线形，长5~12毫米，被毛。花单生于上部叶腋间，常下垂，花梗长3~7厘米，疏被星状柔毛或近平滑无毛，近端有节；小苞片6~7，线形，长8~15毫米，疏被星状柔毛，基部合生；萼呈钟形，长约2厘米，被星状柔毛，裂片5，呈卵形至披针形；花冠呈漏斗形，直径6~10厘米，为玫瑰红色或淡红、淡黄等色，花瓣为倒卵形，先端圆，外面疏被柔毛；雄蕊柱长4~8厘米，平滑无毛；花柱枝5。蒴果呈卵形，长约2.5厘米，平滑无毛，有喙。花期为全年。

朱槿植株　　　　　　　　　　　　朱槿花

◆ 黄葵Abelmoschus moschatus Medicus ◆

别名：麝香秋葵、野棉花、野油麻、黄蜀葵。

深圳分布：梧桐山、莲塘、仙湖植物园，深圳各地均有分布。生长于海拔20~350米的海边林下、山地林边灌丛、沟边或村边草丛中。

趣谈

黄 葵

苏 轼

弱质困夏永，奇姿苏晓凉。

低昂黄金杯，照耀初日光。

檀心自成晕，翠叶森有芒。

古来写生人，妙绝谁似昌。

晨妆与午醉，真态含阴阳。

君看此花枝，中有风露香。

※**形态特征：**一年生或二年生草本，高1~2米，被粗毛。叶通常为掌状5~7深裂，直径6~15厘米，裂片为披针形至三角形，边缘具不规则锯齿，偶有浅裂似槭叶状，基部呈心形，两面均疏被硬毛；叶柄长7~15厘米，疏被硬毛；托叶呈线形，长7~8毫米。花单生于叶腋间，花梗长2~3厘米，被倒硬毛；小苞片8~10片，呈线形，长10~13毫米；花萼佛焰苞状，长2~3厘米，5裂，常早落；花为黄色，内面基部为暗紫色，直径7~12厘米；雄蕊柱长约2.5厘米，平滑无毛；花柱分枝5个，柱头盘状。蒴果为长圆形，长5~6厘米，顶端尖，被黄色长硬毛；种子为肾形，具腺状脉纹，具香味。花期为6月—10月。

黄葵叶

黄葵花 黄葵蒴果

红木科Bixaceae

红木科为双子叶植物，包括3属，约6种。我国栽培有1属1种，供观赏用，围绕种子的红色果瓤可为糖果的染料。

◆ 红木Bixa orellana Linn ◆

别名：胭脂木、酸枝木。

深圳分布：深圳各园林绿地。

※形态特征：常绿灌木或小乔木，高2~10米；枝为棕褐色，密被红棕色短腺毛。叶为心状卵形或三角状卵形，长10~20厘米，宽5~16厘米，先端渐尖，基部呈圆形或几截形，有时略呈心形，边缘全缘，基出脉5条，掌状，侧脉在顶端向上弯曲，上面为深绿色，无毛，下面为淡绿色，被树脂状腺点；叶柄长2.5~5厘米，无毛。圆锥花序，顶生，长5~10厘米，序梗粗壮，密被红棕色的鳞片和腺毛；花较大，直径4~5厘米，萼片5，呈倒卵形，长8~10毫米，宽约7毫米，外面密被红褐色鳞片，基部有腺体，花瓣5，呈倒卵形，长1~2厘米，粉红色；雄蕊多数，花药为长圆形，黄色，2室，顶孔开裂；子房上位，1室，胚珠多数，生于两侧膜胎座上，花柱单一，柱头2浅裂。蒴果呈近球形或卵形，长2.5~4厘米，密生栗褐色长刺，刺长1~2厘米，2瓣裂。种子多数，呈倒卵形，暗红色。

红木

红木花

红木蒴果

西番莲科Passifloraceae

西番莲科植物主要分布于我国的西南部至东南部，大部分供观赏用。为草质或木质藤本，有卷须，叶互生，单叶或分裂，常有托叶；花辐射对称，花柱3；果为浆果或蒴果；种子有肉质假种皮。

◆ 西番莲Passiflora caerulea Linn ◆

别名：时计草、洋酸茄花、转枝莲、西洋鞠、转心莲。

深圳分布：葵涌。

趣谈

西番莲的传说

在美洲印第安人的传说中，西番莲是白天的女儿。她承袭了父亲给予的热情阳光，总是洋溢着灿烂的笑容，她是森林和草地中最美的花朵。

有一天，当晨星初升，西番莲在睡梦中被一阵嘈杂声吵醒。她张开眼睛，看见河边有一位少年正在玩水。他的俊美容貌让西番莲一见钟情。这位少年不像西番莲在白天看到的其他人，他是黑夜的向导，只在夜间出现。西番莲十分爱慕这位黑夜向导，时时刻刻计算时间，等待夜晚的来临，盼望见黑夜向导一面。

花语：憧憬。

※**形态特征**：草质藤本；茎呈圆柱形并微有棱角，无毛，略被白粉；叶为纸质，长5~7厘米，宽6~8厘米，基部呈心形，掌状5深裂，中间裂片呈卵状长圆形，两侧裂片略小，无毛、全缘；叶柄长2~3厘米，中部有2~6个细小腺体；托叶较大，呈肾形，抱茎，长达1.2厘米，边缘波状，聚伞花序，退化后仅存1花，与卷须对生；花大，为淡绿色，直径6~10厘米；花梗长3~4厘米；苞片呈宽卵形，长3厘米，全缘；萼片5枚，长3~4.5厘米，外面为淡绿色，内面为绿白色，外面顶端具一角状附属器；花瓣5枚，为淡绿色，与萼片近等长；外副花冠裂片3轮，丝状，外轮与中轮裂片，长1~1.5厘米，顶端为天蓝色，中部为白色，下部为紫红色，内轮裂片丝状，长1~2毫米，顶端具一紫红色头状体，下部为淡绿色；内副花冠呈流苏状，裂片为紫红色，其下具一密腺环；具花盘，高约1~2毫米；雌雄蕊柄长8~10毫米；雄蕊有5枚，花丝分离，长约1厘米，呈扁平状；花药呈长圆形，长约1.3厘米；子房呈卵圆球形；花柱为3枚，分离，紫红色，长约1.6厘米；柱头为肾形。浆果呈卵圆球形至近圆球形，长约6厘米，熟时为橙黄色或黄色；种子多数，呈倒心形，长约5毫米。花期为5月—7月。

西番莲花

西番莲浆果

番木瓜科Caricaceae

我国引入栽培的只有番木瓜属。番木瓜科植物为小乔木或灌木,具乳状汁液,通常不分枝;叶有长柄,聚生于茎顶;叶片常掌状分裂,果为肉质浆果。

◆ 番木瓜Carica papaya Linn ◆

别名: 树冬瓜、满山抛、番瓜、万寿果、木瓜。
深圳分布: 葵涌、仙湖植物园,深圳各地均有栽培。

趣谈

番木瓜的历史

中国传统的木瓜是指蔷薇科木瓜属植物宣木瓜,现在深圳市场上普遍见到的是番木瓜科番木瓜属植物番木瓜,原产于南美洲,17世纪传入我国。

番木瓜何时传到中国,有两种说法。有人认为,《岭南尽杂记》中记载了番木瓜,这部书成书于17世纪末,说明我国栽培番木瓜至少有300多年历史了。也有人认为,宋代王谠的《唐语林》讲到了番木瓜,而这本书是根据唐人小说的旧材料编写的,因此,番木瓜传入中国最晚也应该在12世纪初,最早可能推至唐代。

《唐语林》中讲到番木瓜传入中国后引起一个风波。湖州有个郡守为朋友饯行,有人送来一个番木瓜,由于人们都未见识过就相互传递观赏。当时在座的有个太监，说此果宫中还没有，应该先拿去进贡才是于是将番木瓜收起来。太监收起番木瓜后很快就乘船回京了。郡守为此十分懊恼，生怕太监回宫后皇上怪罪下来。这时，在旁助酒的一个官妓说不用担心，估计这个番木瓜过一夜就会被抛到水里去。不久，送太监回京的人果然回报番木瓜次日即溃烂已经被抛了。郡守听后很佩服官妓的见识，经详细询问后才知道番木瓜是难于长期保鲜的，特别是熟了的番木瓜又经好多人的手触摸过更不易久藏。

番木瓜树

※**形态特征**：常绿软木质小乔木，高达8~10米，具乳汁；茎不分枝或有时于损伤处分枝，具螺旋状排列的托叶痕。叶大，聚生于茎顶端，近盾形，直径可达60厘米，通常5~9深裂，每裂片再为羽状分裂；叶柄中空，长60~100厘米。花单性或两性，有些品种在雄株上偶尔产生两性花或雌花，并结成果实，亦有时在雌株上出现少数雄花。植株上有雄株、雌株和两性株。雄花：排列成圆锥花序，长达1米，下垂；花无梗；萼片基部连合；花冠为乳黄色，冠管呈细管状，长1.6~2.5厘米，花冠裂片5，呈披针形，长约1.8厘米，宽4.5毫米；雄蕊10枚，5长5短，短的几无花丝，长的花丝为白色，被白色绒毛；子房退化。雌花：单生或由数朵排列成伞房花序，着生叶腋内，具短梗或近无梗，萼片5，长

约1厘米，中部以下合生；花冠裂片5，分离，为乳黄色或黄白色，呈长圆形或披针形，长5~6.2厘米，宽1.2~2厘米；子房上位，呈卵球形，无柄，花柱5，柱头数裂，近流苏状。两性花：雄蕊5枚，着生于近子房基部极短的花冠管上，或为10枚，着生于较长的花冠管上，排列成两轮，冠管长1.9~2.5厘米，花冠裂片呈长圆形，长约2.8厘米，宽9毫米，子房比雌株子房较小。浆果肉质，成熟时为橙黄色或黄色，呈长圆球形、倒卵状长圆球形、梨形或近圆球形，长10~30厘米或更长，果肉柔软多汁，味香甜；种子多数，呈卵球形，成熟时为黑色，外种皮肉质，内种皮木质，具皱纹。花果期为全年。

番木瓜果

番木瓜花

秋海棠科Begoniaceae

秋海棠科植物共有2属，其中秋海棠属为被子植物第五大属，多年生肉质或木质草本，常有根茎或块茎；茎常有节；单叶互生，基部歪斜，两侧常不对称；花单性，雌雄同株，辐射对称或两侧对称，子房下位；果为蒴果或浆果。

◆ 紫背天葵Begonia fimbristipula Hance ◆

别名：观音菜、血皮菜、天葵。

深圳分布：排牙山、葵涌。生长于海拔600~700米的山顶或密林中。

※形态特征：多年生无茎草本。根呈茎球状，直径7~8毫米，周围长出多数纤维状之根。叶均基生，具长柄；叶片两侧略不相等，轮廓呈宽卵形，长6~13厘米，宽4.8~8.5厘米，先端急尖或渐尖状急尖，基部略偏斜，呈心形至深心形，边缘有大小不等的三角形重锯齿，有时呈缺刻状，齿尖有长可达0.8毫米的芒，上面散生短毛，下面为淡绿色，沿脉被毛，但沿主脉的毛较长，常有不明显的白色小斑点，呈掌状，有7条脉，叶柄长4~11.5厘米，被卷曲长毛；托叶小，呈卵状披针形，长5~7毫米，宽2~4毫米，先端急尖，顶端带刺芒，边呈撕裂状。花萼高6~18厘米，无毛；花为粉红色，数朵，2~3回二歧聚伞状花序，首次分枝长2.5~4厘米，二次分枝长7~13毫米，通常均无毛或近于无毛；下部苞片早落，小苞片膜质，呈长圆形，长3~4毫米，宽1.5~2.5毫米，先端钝

或急尖，无毛。雄花花梗长1.5~2厘米，无毛；花被片4片，红色，外面2枚呈宽卵形，长11~13毫米，宽9~10毫米，先端钝至圆，外面无毛，内面2枚呈倒卵长圆形，长11~12.5毫米，宽4~5毫米，先端圆，基部呈楔形；雄蕊多数，花丝长1~1.3毫米，花药呈长圆形或倒卵长圆形，长约1毫米，先端微凹或钝。雌花花梗长1~1.5厘米，无毛，花被片3片，外面2枚呈宽卵形至近圆形，长6~11毫米，近等宽，内面2枚呈倒卵形，长6.5~9.2毫米，宽3~4.2毫米，基部呈楔形，子房呈长圆形，长5~6毫米，直径3~4毫米，无毛，3室，每室胎座具2裂片，具不等3翅；花柱3个，长2.8~3毫米，近离生或1/2，无毛，柱头增厚，外向扭曲呈环状。蒴果下垂，果梗长约1.5~2毫米，无毛，轮廓呈倒卵长圆形，长约1.1毫米，直径7~8毫米，无毛，具有不等3翅，大的翅近舌状，长1.1~1.4厘米，宽约1厘米，上方的边平，下方的边为弧形，其余2翅窄，长约3毫米，上方的边平，下方的边斜；种子极多数，小，为淡褐色，光滑。花期为每年5月，果期从每年6月开始。

紫背天葵植株

紫背天葵叶

紫背天葵花

习 题

1. 锦葵科植物是_____雄蕊。

2. 红木又名_____、_____。

3. 西番莲的卷须属于_____。

4. 番木瓜科的汁液为_____，叶片呈_____状，果实为_____。

5. 秋海棠科植物的花为_____性。

6. 简要描述朱槿花的形态特征。

白花菜科Capparidaceae

白花菜科又称山柑科。草本，灌木或乔木，有时为木质藤木，无乳汁，具单叶或掌状复叶，互生，很少对生。

◆ 醉蝶花Cleome spinosa Jacq ◆

别名：蝴蝶梅、醉蝴蝶。

深圳分布：深圳各公园和花木场。

趣谈

醉蝶花特点

醉蝶花花瓣轻盈飘逸，盛开时似蝴蝶飞舞，在傍晚开放，第二天白天就凋谢，因此又叫夏夜之花，短暂的生命给人虚幻无常的感觉。

花语：神秘。

※形态特征：一年生强壮草本，高1~1.5米，全株被黏质腺毛，有特殊臭味，有托叶刺，刺长达4毫米，尖利，外弯。叶为具5~7小叶的掌状复叶，小叶草质，呈椭圆状为披针形或倒披针形，中央小叶盛大，长6~8厘米，宽1.5~2.5厘米，最外侧的最小，长约2厘米，宽约5毫米，基部呈楔形，狭延成小叶柄，与叶柄相连接处稍呈蹼状，顶端渐狭或急尖，有短尖头，两面被毛，背面中脉

有时也在侧脉上有刺，侧脉10~15对；叶柄长2~8厘米，常有淡黄色皮刺。总状花序，长达40厘米，密被黏质腺毛；苞片单一，叶状为卵状长圆形，长5~20毫米，无柄或近无柄，基部呈心形；花蕾呈圆筒形，长约2.5厘米，直径4毫米，无毛；花梗长2~3厘米，被短腺毛，单生于苞片腋内；萼片4片，长约6毫米，呈长圆状椭圆形，顶端渐尖，外被腺毛；花瓣为粉红色，少见白色，在芽中时为覆瓦状排列，无毛，长5~12毫米，瓣片呈倒卵状匙形，长10~15毫米，宽4~6毫米，顶端呈圆形，基部渐狭；雄蕊6枚，花丝长3.5~4厘米，花药呈线形，长7~8毫米；雄蕊柄长1~3毫米；雌蕊柄长4厘米，果时略有增长；子房呈线柱形，长3~4毫米，无毛；几无花柱，柱头呈头状。果为圆柱形，长5.5~6.5厘米，中部直径约4毫米，两端稍钝，表面近平坦或微呈念珠状，有细而密且不甚清晰的脉纹。种子直径约2毫米，表面近平滑或有小疣状突起，不具假种皮。花期为初夏，果期在夏末秋初。

醉蝶花

十字花科Cruciferae

十字花科植物为草本，常有辛辣汁液。花两性，辐射对称，萼片4片，十字形花冠，四强雄蕊，子房上位，侧膜胎座，具假隔膜，角果。

◆ 萝卜Raphanus sativus Linn ◆

别名：菜头、白萝卜、莱菔、莱菔子、水萝卜。
深圳分布：罗湖区林果场，深圳各地田园均有分布。

（趣谈）

关于萝卜的典故

萝卜味甜，脆嫩，汁多，"熟食甘似芋，生荐脆如梨"，其效用不亚于人参，故有"十月萝卜赛人参"之说。古往今来，有不少名人都善食萝卜。

三国赤壁之战中，曹操被孙刘联军打得大败，从华容道夺路而逃，适值天热，几万大军又饥又渴，实在走不动了，恰好道旁有一大片萝卜地，士兵们便拔萝卜充饥，这块萝卜地为挽救曹军起了关键作用，后来这块萝卜地被称为"救曹田"。

据传1300多年以前，武则天称帝后很少有战争，加之她熟稔政治，治国有方，天下太平，常有"麦生三头，谷长双穗"之说。一年秋天，洛阳东关菜地长出一个特大萝卜，大约三尺，上青下白，农民视为奇物，把它进贡给朝廷。女皇见了圣心大悦，传旨厨师将其做成菜肴。厨师们深知用萝卜做不出什么好菜，但慑于女皇威严，只得从命。厨师们苦思一番，使出百般技艺，对萝卜进行了多道精细加工，切成均匀细丝，并配以山珍海味，制成羹汤。女皇一吃，鲜美可口，味道独特，大有燕窝风味，遂赐名"假燕窝"。从此，王公大臣、皇亲国戚设宴时均用萝卜为料，"假燕窝"登上了大雅之堂。

清代著名植物学家吴其浚在《植物名实考》中极其生动地描绘了北京"心里美"萝卜的特点："冬飚撼壁，围炉永夜，煤焰烛窗，口鼻臭黑。忽闻门外有萝卜赛梨者，无论贫富髦雅，奔走购之，唯恐其越街过巷也。"他在北京为官时，晚上总要出来挑选一些萝卜回去，他对"心里美"萝卜的评价很高："琼瑶一片，嚼如冷雪，齿鸣未已，从热俱平。"

※形态特征：二年或一年生草本，高20~100厘米；直根肉质，为长圆形、球形或圆锥形，外皮为绿色、白色或红色；茎有分枝，无毛，稍具粉霜。基生叶和下部茎生叶大头羽状半裂，长8~30厘米，宽3~5厘米，顶裂片呈卵形，侧裂片有4~6对，呈长圆形，有钝齿，疏生粗毛，上部叶呈长圆形，有锯齿或近全缘。总状花序顶生及腋生；花为白色或粉红色，直径1.5~2厘米；花梗长5~15毫米；萼片呈长圆形，长5~7毫米；花瓣呈倒卵形，长1~1.5厘米，具紫纹，下部有长5毫米的爪。长角果呈圆柱形，长3~6厘米，宽10~12毫米，在种子间处缢缩，并形成海绵质横隔；顶端喙长1~1.5厘米；果梗长1~1.5厘米。种子1~6个，呈卵形，微扁，长约3毫米，为红棕色，有细网纹。花期为4月—5月，果期为5月—6月。

萝卜

萝卜花　　　　　　　　　　　萝卜果梗

辣木科Moringaceae

辣本科植物都是乔木，羽状复叶互生，小叶呈卵形，全缘；花为白色或红色，两性，两侧对称，长蒴果；种子有翅。

◆ 辣木Moringa oleifera Lam ◆

别名：象腿树。

深圳分布：深圳各公园均有栽培。

趣谈

辣木的作用

辣木作为蔬菜和食品有增进营养、食疗保健的功能，也广泛应用于医药、保健等方面，被誉为"生命之树""植物中的钻石"。印度人在日常生活中常食用辣木，鲜叶可作为蔬菜食用，嫩叶类似菠菜，可以做汤或沙拉。嫩果荚也可以食用，干种子可以打成粉末作为调味料，幼苗的根干燥后也可以打成粉末作为调味料，有辣味。辣木的花在略微变白之后也可以加入沙拉中食用。1997年，美国基督教世界救济会与塞内加尔组织合作推出一项计划，他们将辣木加入当地人民的饮食中，用以治疗营养失调及预防疾病，有显著的效果。这种耐干旱且成长快速的树木也因此被称为"奇迹之树"，并渐为人所熟知。

※**形态特征**：乔木，高3~12米；树皮为软木质；枝有明显的皮孔及叶痕，小枝有短柔毛；根有辛辣味。叶通常为3回羽状复叶，长25~60厘米，在羽片的基部具线形或棍棒状稍弯的腺体；腺体多数脱落，叶柄柔弱，基部呈鞘状；羽片4~6对；小叶3~9片，为薄纸质，呈卵形、椭圆形或长圆形，长1~2厘米，宽0.5~1.2厘米，通常顶端的叶片较大，叶背为苍白色，无毛；叶脉不明显；小叶柄纤弱，长1~2毫米，基部的腺体呈线状，有毛。花序广展，长10~30厘米；苞片小，呈线形；花具梗，白色，芳香，直径约2厘米，萼片为线状，披针形，有短柔毛；花瓣呈匙形；雄蕊和退化雄蕊的基部有毛；子房有毛。蒴果细长，长20~50厘米，直径1~3厘米，下垂，3瓣裂，每瓣有肋纹3条；种子呈近球形，直径约8毫米，有3棱，每棱有膜质的翅。花期为全年，果期为6月—12月。

辣木树

辣木枝

辣木花

杜鹃花科Ericaceae

杜鹃花科植物为灌木或小乔木，常绿；单叶互生，通常革质；花冠4~5裂，雄蕊通常为花冠裂片数2倍，花药2室，多顶孔开裂；果为蒴果、少浆果或核果。

◆ 锦绣杜鹃Rhododendron pulchrum Sweet ◆

别名： 毛鹃、毛杜鹃、毛叶杜鹃、鳞艳杜鹃。
深圳分布： 三洲田、仙湖植物园、东湖公园，深圳各地均有栽培。

杜鹃花简介

杜鹃花有深红、淡红、玫瑰、紫、白等多种颜色，开放时，满山鲜艳，像彩霞绕林，因此杜鹃花被人们誉为"花中西施"。五彩缤纷的杜鹃花，能唤起了人们对生活热烈美好的感情，也象征着国家的繁荣富强和人民的幸福生活。

杜鹃花的传说

相传，蜀国是一个和平富庶的国家，那里土地肥沃，物产丰盛，人们丰衣足食，无忧无虑，生活得十分幸福。可是，无忧无虑的富足生活，使人们慢慢地懒惰起来，一天到晚纵情享乐，有时连播种的时间都忘记了。当时蜀国的皇帝，名叫杜宇，是一个非常负责而勤勉的君王，他很爱他的百姓。他看到人们乐而忘忧，心急如焚。为了不误农时，每到春播时节，他就四处奔走，催促人们赶快播种，把握春光。如此年复一年，人们养成了习惯，杜宇不来就不播种。后来，杜宇积劳成疾，最终离世。但是他依然牵挂他的百姓，于是他的灵魂化为一只小鸟，每到春天就四处飞翔，发出声声啼叫：布谷，布谷，直叫得嘴里流出鲜血，鲜红的血滴落在山野中，化成一朵朵美丽的鲜花。人们终于被感动了，开始变得勤勉和负责。他们把那啼叫的小鸟叫作杜鹃鸟，他们把那鲜血化成的花叫作杜鹃花。

宣城见杜鹃花

李 白

蜀国曾闻子规鸟，宣城还见杜鹃花。

一叫一回肠一断，三春三月忆三巴。

杜鹃花语：永远属于你。代表爱的喜悦，据说喜欢此花的人纯真无邪。

※形态特征：半常绿灌木，高1.5~2.5米；枝开展，淡灰褐色，被淡棕色糙伏毛。叶为薄革质，呈椭圆状长圆形或椭圆状披针形或长圆状倒披针形，长2~7厘米，宽1~2.5厘米，先端钝尖，基部呈楔形，边缘反卷，全缘，上面为深绿色，初时散生淡黄褐色糙伏毛，后近于无毛，下面为淡绿色，被微柔毛和糙伏毛，中脉和侧脉在上面下凹，下面显著凸出；叶柄长3~6毫米，密被棕褐色糙伏毛。花芽呈卵球形，鳞片外面沿中部具淡黄褐色毛，内有黏质。伞形花序顶生，有花1~5朵；花梗长0.8~1.5厘米，密被淡黄褐色长柔毛；花萼大，绿色，5深裂，裂片呈披针形，长约1.2厘米，被糙伏毛；花冠为玫瑰紫色，呈阔漏斗形，长4.8~5.2厘米，直径约6厘米，裂片5，呈阔卵形，长约3.3厘米，具深红色斑点；雄蕊10枚，近于等长，长3.5~4厘米，花丝呈线形，下部被微柔毛；子房呈卵球形，长3毫米，密被黄褐色刚毛状糙伏毛，花柱长约5厘米，比花冠稍长或与花冠等长，无毛。蒴果呈长圆状卵球形，长0.8~1厘米，被刚毛状糙伏毛，花萼宿存。花期为4月—5月，果期为9月—10月。

杜鹃花植株   杜鹃花

◆ 吊钟花Enkianthus quinqueflorus Lour ◆

别名：山连召、白鸡烂树、铃儿花。

深圳分布：七娘山、南澳、排牙山、盐田、梅沙尖、梧桐山。生长于海拔200~900米的山地林中和林缘。

花语：隐藏的美。

※形态特征：灌木或小乔木，高1~7米；树皮为灰黄色；多分枝，枝圆柱状，无毛。冬芽呈长椭圆状，芽鳞边缘具白色绒毛。叶常密集于枝顶，互生，革质，两面无毛，呈长圆形或倒卵状长圆形，长3~10厘米，宽1~4厘米，先端渐尖且具钝头或小突尖，基部渐狭而成短柄，边缘反卷，全缘或稀向顶部疏生细齿，中脉在两面，侧脉6~7对，自中脉羽状伸出；叶柄为圆柱形，长5~20毫米，灰黄色，无毛。花通常3~13朵，组成伞房花序，从枝顶覆瓦状排列的红色大苞片内生出，苞片呈长圆状椭圆形、匙形或线状披针形，膜质；花梗长1.5~2厘米，绿色，无毛；花萼5裂，裂片呈三角状披针形，长2~4毫米，先端被纤毛；花冠呈宽钟状，长约1.2厘米，为粉红色或红色，口部5裂，裂片钝，微反卷；雄蕊10个，短于花冠，花丝扁平，白色，被柔毛，花药为黄色；子房呈卵圆形，有5条脊痕，无毛，花柱长约5毫米，无毛。蒴果呈椭圆形，淡黄色，长

8~12毫米，具5棱；果梗直立，粗壮，颜色为绿色，长3~5毫米，无毛。花期为3月—5月，果期为5月—7月。

吊钟花叶

吊钟花

紫金牛科Myrsinaceae

紫金牛科植物为灌木或乔木，稀草本；单叶，互生，通常具腺点；花4~5瓣，萼宿存，雄蕊与花冠裂片数同且对生。

◆ 朱砂根Ardisia crenata Sims ◆

别名：红铜盘、大罗伞、矮婆子、八角金龙、八爪金、金玉满堂。

深圳分布：南澳、大鹏、笔架山、三洲田、沙头角、梧桐山、梅林、羊台山。生长于海拔50~480米的山谷密林下或林缘。园林中均有栽培。

花语：喜庆吉祥、富贵发财、多子多福。

※形态特征：灌木，高1~2米，也有少数达到3米的；茎粗壮，无毛，除侧生特殊花枝外，无分枝。叶片为革质或坚纸质，呈椭圆形、椭圆状披针形至倒披针形，顶端急尖或渐尖，基部呈楔形，长7~15厘米，宽2~4厘米，边缘具皱波状或波状齿，具明显的边缘腺点，两面无毛，有时背面具极小的鳞片，侧脉12~18对，构成不规则的边缘脉；叶柄长约1厘米。伞形花序或聚伞花序，着生于侧生花枝顶端；花枝近顶端常具2~3片叶，或更多，或无叶，长4~16厘米；花梗长7~10毫米，几无毛；花长4~6毫米，花萼仅基部连合，萼片呈长圆状卵形，顶端呈圆形，长1.5毫米或略短，部分可达2.5毫米，全缘，两面无毛，具腺点；花瓣为白色，稀略带粉红色，盛开时反卷，为卵形，顶端急尖，具

腺点，外面无毛，里面有时近基部具乳头状突起；雄蕊较花瓣短，花药呈三角状披针形，背面常具腺点；雌蕊与花瓣近等长或略长，子房呈卵珠形，无毛，具腺点；胚珠5枚，1轮。果实呈球形，直径6~8毫米，鲜红色，具腺点。花期为5月—6月，果期为10月—12月，有时为2月—4月。

朱砂根树　　　　　　　　　　　　朱砂根果实

◆ 虎舌红Ardisia mamillata Hance ◆

别名：毛地红、肉八爪、红毡、豺狗舌、禽蜍皮、老虎脷。

深圳分布：七娘山、梅沙尖、梧桐山。生长于海拔400~800米的山谷林下阴湿处。

※形态特征：矮小灌木，具匍匐的木质根茎，直立茎高不超过15厘米，幼时密被锈色卷曲长柔毛，以后无毛或几无毛。叶互生或簇生于茎顶端，叶片为坚纸质，呈倒卵形至长圆状倒披针形，顶端急尖或钝，基部呈楔形或狭圆形，长7~14厘米，宽3~5厘米，边缘具不明显的疏圆齿，边缘腺点藏于毛中，两面为绿色或暗紫红色，被锈色或有时为紫红色糙伏毛，毛基部隆起如小瘤，具腺点，以背面尤为明显，侧脉6~8对，不明显；叶柄长5~15毫米或几无，被毛。伞形花序，着生于侧生特殊花枝顶端。每株有花枝1~2个，部分为3个；花枝长3~9厘米，有花约10朵，近顶端常有叶1~2片，部分可达4片；花梗长4~8毫米，被毛；花长5~7毫米，花萼基部连合，萼片呈披针形或狭长圆状披针形，顶端

渐尖，与花瓣等长或略短，具腺点，两面被长柔毛或里面近无毛；花瓣为粉红色，少数近白色，呈卵形，顶端急尖，具腺点；雄蕊与花瓣近等长，花药呈披针形，背部通常具腺点；雌蕊与花瓣等长，子房呈球形，有毛或几无毛；胚珠5枚，1轮。果实为球形，直径约6毫米，鲜红色，很少具腺点，几无毛或被柔毛。花期为6月—7月，果期为11月至翌年1月。

虎舌红果实

习　题

1. 十字花科植物的花冠为＿＿＿＿＿形，＿＿＿＿＿＿雄蕊，子房为＿＿＿＿＿位，果实为＿＿＿＿＿果。

2. 辣木科植物的花冠为＿＿＿＿＿形，果实为＿＿＿＿＿果，种子有＿＿＿＿＿。

3. 吊钟花是＿＿＿＿＿科植物。

4. 朱砂根是＿＿＿＿＿科植物，花序为＿＿＿＿＿。

5. 有贮藏根的植物有：＿＿＿＿＿。

6. 查阅资料，说一说萝卜与人参之间的关系。

海桐花科Pittosporaceae

海桐花科植物为乔木、灌木或木质藤本；单叶互生或轮生，花两性，辐射对称，花瓣常有爪，爪有时为合生；子房上位，果实为浆果或蒴果；种子通常多数藏于有黏质的果肉内。

◆ 海桐Pittosporum tobira（Thunb.）Ait ◆

别名：臭榕仔、垂青树、海桐花、金边海桐、七里香。

深圳分布：西涌、南澳、梧桐山、仙湖植物园，深圳各地均有栽培。在海拔60~650米的海边林下、山坡及山顶灌丛中有生长。

花语：记得我。

※形态特征：常绿灌木或小乔木，高达6米，嫩枝被褐色柔毛，有皮孔。叶聚生于枝顶，二年生，革质，嫩时上下两面有柔毛，以后变秃净，呈倒卵形或倒卵状披针形，长4~9厘米，宽1.5~4厘米，上面为深绿色，发亮，干后暗晦无光，先端为圆形，常微凹入或为微心形，基部呈窄楔形；侧脉6~8对，在靠近边缘处相结合，有时因侧脉间的支脉较明显而呈多脉状，网脉稍明显，网眼细小，全缘，干后反卷；叶柄长达2厘米。伞形花序或伞房状伞形花序，顶生或近顶生，密被黄褐色柔毛，花梗长1~2厘米；苞片呈披针形，长4~5毫米；小苞片长2~3毫米，均被褐毛。花为白色，有芳香，后变黄色；萼片呈卵形，长3~4毫

米，被柔毛；花瓣呈倒披针形，长1~1.2厘米，离生；雄蕊有两种，退化雄蕊的花丝长2~3毫米，花药近于不育，正常雄蕊的花丝长5~6毫米，花药呈长圆形，长2毫米，黄色；子房呈长卵形，密被柔毛，侧膜胎座3个，胚珠多数，两列着生于胎座中段。蒴果呈圆球形，有棱，直径12毫米，少有毛，子房柄长1~2毫米，3片裂开，果片为木质，厚1.5毫米，内侧为黄褐色，有光泽，具横格；种子多数，长4毫米，呈多角形，红色，种柄长约2毫米。花期为3月—5月，果期为9月—10月。

海桐植株　　　　　　　　　　　海桐花

景天科Crassulaceae

景天科植物为肉质草本，花多辐射对称，萼片与花瓣均4~5枚，雄蕊与花瓣同数或为其2倍，子房上位，心皮4~5个，离生，有蓇葖果。

◆ 落地生根Bryophyllum pinnatum（Lam. f.）Oken ◆

别名： 打不死灯笼花、花蝴蝶、叶爆芽。

深圳分布： 大鹏、排牙山、西涌、七娘山，生于阳光充足的岩石旁。深圳各公园或屋旁均有栽培。

花语： 切切实实、一心一意。

※形态特征： 多年生草本，高40~150厘米；茎有分枝。叶为羽状复叶，长10~30厘米，小叶为长圆形至椭圆形，长6~8厘米，宽3~5厘米，先端钝，边缘有圆齿，圆齿底部容易生芽，芽长大后落地即成一新植株；小叶柄长2~4厘米。圆锥花序顶生，长10~40厘米；花下垂，花萼呈圆柱形，长2~4厘米；花冠呈高脚碟形，长达5厘米，基部稍膨大，向上呈管状，裂片4片，呈卵状披针形，淡红色或紫红色；雄蕊8枚，着生花冠基部，花丝长；鳞片呈近长方形；心皮4个。蓇葖包在花萼及花冠内；种子小，有条纹。花期为1月—3月。

落地生根植株

落地生根花

落地生根叶

◆ 垂盆草Sedum sarmentosum Bunge ◆

别名：三叶佛甲草、石指甲草。

深圳分布：深圳各公园或苗圃均有栽培。

趣谈

垂盆草的传说

清代时，维峰脚下有一个姓曾的农民，年40岁，子女各一，男耕女织，生活过得很好。有一天，男主人忽然腹痛，里急后重，大便带黏液浓血，一日二十多次，急请当地医生治疗，诊断为痢疾，服药后不见起效。眼看着一天天瘦下去却毫无办法。一天，女儿拔了一篮猪草回来，内有很多石指甲草（垂盆草），男主人想起此草能治疗猪腹泻，便要妻子煮一碗给自己配粥吃。刚吃两餐腹部就不痛了，连服3天，黏液浓血全止，痢疾痊愈，邻里人都啧啧称奇。此后，只要同村人患痢疾，都用此草配粥吃，全都治好了。一传十，十传百，很多人都知道了石指甲草（垂盆草）治疗痢疾有奇效。就这样，慢慢地，垂盆草也就成为一味常用中药。

　　※**形态特征**：多年生草本。不育枝及花，茎细，匍匐而节上生根，直到花序之下，长10~25厘米。3叶轮生，叶呈倒披针形至长圆形，长15~28毫米，宽3~7毫米，先端近急尖，基部急狭，有距。聚伞花序，有3~5分枝，花少，宽5~6厘米；花无梗，萼片5枚，呈披针形至长圆形，长3.5~5毫米，先端钝，基部无距；花瓣5片，为黄色，呈披针形至长圆形，长5~8毫米，先端有稍长的短尖；雄蕊10枚，较花瓣短；有鳞片10片，呈楔状四方形，长0.5毫米，先端稍有微缺；心皮5个，呈长圆形，长5~6毫米，略叉开，有长花柱。种子呈卵形，长0.5毫米。花期为5月—7月，果期为8月。

垂盆草植株　　　　　　　　　　　垂盆草花

蔷薇科Rosaceae

蔷薇科植物叶互生，具托叶。花瓣5片，通常具杯状、盘状或坛状花筒，形成子房上位周位花；雄蕊多数，轮生。种子无胚乳。

◆ 枇杷Eriobotrya japonica（Thunb.）Lindl ◆

别名：卢橘、金丸。

深圳分布：仙湖植物园，深圳各地均有栽培。

趣 谈

枇杷小故事

枇杷的英文Loquat来自卢橘的粤语音译。

苏轼的诗中亦曾提及这种水果：

> 罗浮山下四时春，卢橘杨梅次第新。
>
> 日啖荔枝三百颗，不辞长作岭南人。

明代有一个知县很爱吃枇杷，有人奉承他，特地买了一筐上乘的枇杷送去，并且派人先把帖子呈上。知县一看，帖子上面写着："敬奉琵琶一筐，望祈笑纳。"知县很纳闷：为什么要送我一筐琵琶？琵琶为什么要用筐来装？东西送到后，知县一看，却是一筐新鲜的枇杷。知县笑了笑，从兜里掏出那张写着"琵琶"的帖子，顺口吟道："枇杷不是此琵琶，只恨当年识字差。"下面的诗句一时想不起来。刚好有一位客人在座，触景生情，续了两句："若是琵琶能结果，满城箫管尽开花。"知县听了，拍案叫绝。

※**形态特征**：常绿小乔木，高可达10米；小枝粗壮，为黄褐色，密生锈色或灰棕色绒毛。叶片为革质，呈披针形、倒披针形、倒卵形或长圆形，长12~30厘米，宽3~9厘米，先端急尖或渐尖，基部呈楔形或渐狭成叶柄，上部边缘有疏锯齿，基部全缘，上面光亮，多皱，下面密生灰棕色绒毛，侧脉11~21对；叶柄短或几无柄，长6~10毫米，有灰棕色绒毛；托叶钻形，长1~1.5厘米，先端急尖，有毛。圆锥花序，顶生，长10~19厘米，具多花；总花梗和花梗密生锈色绒毛，长2~8毫米；苞片呈钻形，长2~5毫米，密生锈色绒毛；花直径12~20毫米；萼筒呈浅杯状，长4~5毫米，萼片为三角卵形，长2~3毫米，先端急尖，萼筒及萼片外面有锈色绒毛；花瓣为白色，呈长圆形或卵形，长5~9毫米，宽4~6毫米，基部具爪，有锈色绒毛；雄蕊20枚，远短于花瓣，花丝基部扩展；花柱5枚，离生，柱头头状，无毛，子房顶端有锈色柔毛，5室，每室有2个胚珠。果实呈球形或长圆形，直径2~5厘米，为黄色或橘黄色，外有锈色柔毛，不久脱落；种子1~5个，为球形或扁球形，直径1~1.5厘米，褐色，光亮，种皮为纸质。花期为10月—12月，果期为5月—6月。

枇杷树

枇杷叶

枇杷花

枇杷果实

◆ 金樱子Rosa laevigata Michx ◆

别名：油饼果子、唐樱莂、和尚头、山鸡头子、山石榴、刺梨子。

深圳分布：七娘山、南澳、大鹏、排牙山、田心山、马峦山、梧桐山、仙湖植物园、梅林、羊台山、观澜、塘朗山和内伶仃岛。生长于海拔50~350米的林下、林缘、海边树林和灌丛中。

趣谈

"金樱子"名字的由来

早些年，有兄弟三人，都成家立业了，妯娌之间倒也和睦团结。美中不足的是，兄弟三人中，老大、老二虽然娶了妻却没生子，只有老三生了一个儿子。那个时代的人，把传宗接代看作人生大事，认为"不孝有三，无后为大"。所以一家人都把老三的儿子当成掌上明珠。一晃十几年过去了，掌上明珠在全家人的呵护下也长大成人了。他长的浓眉大眼，是个憨憨实实的小伙子。老哥仨开始给孩子说媳妇了。可是媒人请了一个又一个，谁也说不成这门亲。原来左邻右舍都知道小伙子虽然样样都好，可就是有个见不得人的病：尿炕。谁家姑娘都不愿意嫁个尿炕的丈夫。老哥仨商量了半天，别无他法，只能给孩子治病吧。全家人到处寻药问医，郎中请了一个又一个，药吃了一剂又一剂，却总不见效。全家人天天唉声叹气。

这一天，有个身上背着药葫芦的老人来到他们家找水喝。老人年纪已经很大了，背上背的药葫芦头上还拴着一个金黄的缨子。他喝完水，道了声谢转身要走。看见这家人个个唉声叹气、愁眉苦脸，就问道："老兄弟家中可有什么为难事儿？"大家看见老人身背着药葫芦，就说："实不相瞒，我家的孩子十七八了，可尿炕的毛病总是治不好。您老可有什么好药可以治吗？"老人说："我知道一种药是专治尿炕的。不过眼下我葫芦里没有这种药。这种药得到有瘴气的地方去找，毒气熏人啊。"老哥仨一听，都跪下恳求老人说："请您行行好，辛苦跑一趟吧。我们家就守着这根独苗，他要成不了亲，我们家就断了后了。"老人叹了口气："我也没儿子，知道没后人的辛苦，再说，治病救人本是我的职责，我就跑一趟吧。"说完，背着药葫芦就走了。十天半个月过去了，老人没回来；一个月、两个月过去了，老人还没回来，全家人天天在等，一直等了九九八十一天。这天晚上天都黑了，老人才来到老哥仨的家门口。大家一看，大吃一惊，只见老人面色苍白，全身浮肿，路都走不动了。老哥仨急忙把老人扶进屋里坐下，倒了碗水给老人喝，老人这才缓过一口气来，说："我中了瘴气的毒了！"大家急问："有什么药可解吗？"老人摇了摇头说："没有药可解。"说着从背上解下药葫芦，说："这药准能治好你们孩子的病。"说完倒下就死了。

老哥仨都难过得痛哭起来，就像是自己的一位长辈去世了一样。全家人厚葬了挖药老人。办完丧事之后，全家把老人千辛万苦找来的药拿给孩子服了。孩子说药并不苦，还带点甜味呢。连服了几次，病就好了，不久就娶上了媳妇。过了一年，老哥仨就抱上了白胖胖的大孙子。为了纪念这个舍己为人的挖药老人，他们就把老人挖来的药取名"金樱"。那是因为老人始终没留名也没留姓，只记得他背的药葫芦上系着一个金黄色的缨子。叫来叫去，就把"金樱"叫成了"金樱子"。以后，凡有尿炕或尿频的人，吃金樱子准保药到病除。这药就这么一代代地流传下来，故事也一代又一代地流传了下来。

这就是"金樱子"名字的来历。

※**形态特征**：常绿攀缘灌木，高可达5米；小枝粗壮，散生扁弯皮刺，无毛，幼时被腺毛，老时逐渐脱落减少。小叶为革质，通常3片，少数为5片，连叶柄长5~10厘米；小叶片呈椭圆状卵形、倒卵形或披针状卵形，长2~6厘米，宽1.2~3.5厘米，先端急尖或圆钝，稀尾状渐尖，边缘有锐锯齿，上面为亮绿色，无毛，下面为黄绿色，幼时沿中肋有腺毛，老时逐渐脱落至无毛；小叶柄和叶轴有皮刺和腺毛；托叶离生或基部与叶柄合生，呈披针形，边缘有细齿，齿尖有腺体，早落。花单生于叶腋，直径5~7厘米；花梗长1.8~2.5厘米，偶有3厘米者，花梗和萼筒密被腺毛，随果实成长变为针刺；萼片呈卵状披针形，先端呈叶状，边缘羽状浅裂或全缘，常有刺毛和腺毛，内面密被柔毛，比花瓣稍短；花瓣为白色，宽倒卵形，先端微凹；雄蕊多数；心皮多数，花柱离生，有毛，比雄蕊短很多。果为梨形、倒卵形，少数为近球形，紫褐色，外面密被刺毛，果梗长约3厘米，萼片宿存。花期为4月—6月，果期为7月—11月。

金樱子植株   金樱子叶

金樱子花   金樱子果梗

含羞草科Mimosaceae

含羞草科植物有木本、藤本、稀草本；二回羽状复叶；花辐射对称，雄蕊多数，部分与花瓣同数；荚果，有的具次生横膈膜。

◆ 海红豆Adenanthera microsperma Teijsm. et. Binn ◆

别名：相思格、孔雀豆、红豆。

深圳分布：西涌、七娘山、南澳、排牙山、葵涌、仙湖植物园、梧桐山、塘朗山。生长于海拔100~200米的疏林中。

※形态特征：落叶乔木，高5~20米；嫩枝被微柔毛。二回羽状复叶；叶柄和叶轴被微柔毛，无腺体；羽片3~5对，小叶4~7对，互生，为长圆形或卵形，长2.5~3.5厘米，宽1.5~2.5厘米，两端圆钝，两面均被微柔毛，具短柄。总状花序，单生于叶腋或在枝顶排成圆锥花序，被短柔毛；花小，为白色或黄色，有香味，具短梗；花萼长不足1毫米，与花梗同被金黄色柔毛；花瓣呈披针形，长2.5~3毫米，无毛，基部稍合生；雄蕊10枚，与花冠等长或稍长；子房被柔毛，几无柄，花柱呈丝状，柱头小。荚果为狭长圆形，盘旋，长10~20厘米，宽1.2~1.4厘米，开裂后果瓣旋卷；种子呈近圆形至椭圆形，长5~8毫米，宽4.5~7毫米，鲜红色，有光泽。花期为4月—7月，果期为7月—10月。

海红豆树

海红豆小叶

海红豆花

海红豆种子

◆ 银合欢Leucaena leucocephala（Lam.）de Wit ◆

别名：白合欢。

深圳分布：沙头角、仙湖植物园、内伶仃岛，深圳各地均有分布。生长于海拔15~100米的山坡林缘、旷野、疏林中和城市公共绿地。

花语：爱与尊敬。

※形态特征：灌木或小乔木，高2~6米；幼枝被短柔毛，老枝无毛，具褐

色皮孔，无刺；托叶呈三角形，较小。羽片4~8对，长5~16厘米，叶轴被柔毛，在最下一对羽片着生处有黑色腺体1枚；小叶5~15对，呈线状长圆形，长7~13毫米，宽1.5~3毫米，先端急尖，基部呈楔形，边缘被短柔毛，中脉偏向小叶上缘，两侧不等宽。头状花序，通常1~2个腋生，直径2~3厘米；苞片紧贴，被毛，早落；总花梗长2~4厘米；花为白色，花萼长约3毫米，顶端具5细齿，外面被柔毛；花瓣呈狭倒披针形，长约5毫米，背被疏柔毛；雄蕊10枚，通常被疏柔毛，长约7毫米；子房具短柄，上部被柔毛，柱头凹下呈杯状。荚果为带状，长10~18厘米，宽1.4~2厘米，顶端凸尖，基部有柄，纵裂，被微柔毛；种子6~25颗，呈卵形，长约7.5毫米，褐色，扁平，光亮。花期为4月—7月；果期为8月—10月。

银合欢植株

银合欢叶

银合欢花

银合欢荚果

◆ 台湾相思Acacia confusa Merr ◆

别名：相思仔、台湾柳、相思树。

深圳分布：仙湖植物园、梧桐山、内伶仃岛，深圳各地均有栽培。

※**形态特征**：常绿乔木，高6~15米，无毛；枝为灰色或褐色，无刺，小枝纤细。苗期第一片真叶为羽状复叶，长大后小叶退化，叶柄变为叶状柄，革质，呈披针形，长6~10厘米，宽5~13毫米，直或微呈弯镰状，两端渐狭，先端略钝，两面无毛，有明显的纵脉3~8条。头状花序，球形，单生或2~3个簇生于叶腋，直径约1厘米；总花梗纤弱，长8~10毫米；花为金黄色，有微香；花萼长约为花冠之半；花瓣为淡绿色，长约2毫米；雄蕊多数，明显超出花冠之外；子房被黄褐色柔毛，花柱长约4毫米。荚果扁平，长4~12厘米，宽7~10毫米，干时为深褐色，有光泽，于种子间微缢缩，顶端钝而有凸头，基部呈楔形；种子2~8颗，为椭圆形，压扁，长5~7毫米。花期为3月—10月，果期为8月—12月。

台湾相思花

台湾相思荚果

台湾相思树

◆ 雨树Samanea saman（Jacq.）Merr ◆

别名： 雨豆树。

深圳分布： 农科中心，深圳各公园及植物园均有栽培。

※形态特征： 无刺大乔木；树冠极广展，干高10~25米，分枝甚低；幼嫩部分被黄色短绒毛。羽片3~6对，长达15厘米；总叶柄长15~40厘米，羽片及叶片间常有腺体；小叶3~8对，由上往下逐渐变小，呈斜长圆形，长2~4厘米，宽1~1.8厘米，上面光亮，下面被短柔毛。花为玫瑰红色，组成单生或簇生、直径5~6厘米的头状花序，生于叶腋；总花梗长5~9厘米；花萼长6毫米；花冠长12毫米；雄蕊20枚，长5厘米。荚果为长圆形，长10~20厘米，宽1.2~2.5厘米，直或稍弯，不裂，无柄，通常扁压，边缘增厚，在黑色的缝线上有淡色的条纹；果瓣厚，绿色，肉质，成熟时变成近木质，黑色；种子约25颗，埋于果瓤中。花期为8月—9月。

雨树叶

雨树

雨树花

雨树荚果

苏木科Caesalpiniaceae

苏木科植物为花两侧对称，花瓣上升呈覆瓦状排列，雄蕊10枚或较少，常分离，有荚果。

◆ 羊蹄甲Bauhinia purpurea Linn ◆

别名： 紫羊蹄甲、白紫荆、红花羊蹄甲、玲甲花、洋紫荆。

深圳分布： 罗湖区林果场、仙湖植物园、莲塘，深圳各地均有栽培。

趣谈

紫荆花传说

香港紫荆花为羊蹄甲同属植物红花羊蹄甲。

在古代，紫荆花常被人们用来比拟亲情，象征兄弟和睦、家业兴旺。它有这么一个典故：传说南朝时，京兆尹田真与兄弟田庆、田广三人分家，当其他财产都已分配妥当时，最后才发现院子里还有一株枝叶扶疏、花团锦簇的紫荆花树不好处理。当晚，兄弟三人商量将这株紫荆花树截为三段，每人分一段。第二天清早，兄弟三人发现这株紫荆花树的枝叶已全部枯萎，花朵也全部凋落。田真见状，不禁对两个兄弟感叹道："人不如木也。"于是，兄弟三人决定不分家。那株紫荆花树好像颇通人性，也随之恢复了生机，且长得花繁叶茂。

※**形态特征**：乔木或直立灌木，高7~10米；树皮厚，近光滑，为灰色至暗褐色；枝初时略被毛，毛渐脱落，叶为硬纸质，呈近圆形，长10~15厘米，宽9~14厘米，基部呈浅心形，先端分裂达叶长的1/3~1/2，裂片先端圆钝或近急尖，两面无毛或下面薄被微柔毛；基出脉9~11条；叶柄长3~4厘米。总状花序，侧生或顶生，少花，长6~12厘米，有时2~4个生于枝顶而成复总状花序，被褐色绢毛；花蕾为纺锤形，具4~5棱或狭翅，顶钝；花梗长7~12毫米；萼为佛焰状，一侧开裂达基部成外反的2裂片，裂片长2~2.5厘米，先端微裂，其中一片具2齿，另一片具3齿；花瓣为桃红色，呈倒披针形，长4~5厘米，具脉纹和长瓣柄；能育雄蕊3枚，花丝与花瓣等长；退化雄蕊5~6枚，长6~10毫米；子房具长柄，被黄褐色绢毛，柱头稍大，呈斜盾形。荚果为带状，扁平，长12~25厘米，宽2~2.5厘米，略呈弯镰状，成熟时开裂，木质的果瓣扭曲将种子弹出；种子呈近圆形，扁平，直径12~15毫米，种皮为深褐色。花期为9月—11月，果期为2月—3月。

羊蹄甲树

羊蹄甲叶

羊蹄甲荚果

◆ 凤凰木Delonix regia（Boj.）Raf ◆

别名：火凤凰、金凤花、红楹、火树、红花楹、凤凰花。

深圳分布：仙湖植物园，深圳各地均有栽培。

凤凰木的经历

凤凰木，取名源于"叶如飞凰之羽，花若丹凤之冠"，是非洲马达加斯加共和国的国树；中国广东汕头市的市花，福建厦门市的市树。凤凰树曾经是四川省攀枝花市的市树，但因在20世纪90年代中后期连续多年爆发严重的尺蠖虫灾而被大量砍伐，其市树的位置后被攀枝花树取代。

花语：离别、思念、火热青春。

※形态特征：高大落叶乔木，无刺，高达20余米，胸径可达1米；树皮粗糙，为灰褐色；树冠为扁圆形，分枝多而开展；小枝常被短柔毛并有明显的皮孔。叶为二回偶数羽状复叶，长20~60厘米，具托叶；下部的托叶羽状分裂明显，上部的呈刚毛状；叶柄长7~12厘米，光滑至被短柔毛，上面具槽，基部膨大，呈垫状；

羽片对生，15~20对，长达5~10厘米；小叶25对，密集对生，呈长圆形，长4~8毫米，宽3~4毫米，两面被绢毛，先端钝，基部偏斜，边全缘；中脉明显；小叶柄短。伞房状总状花序，顶生或腋生；花大而美丽，直径7~10厘米，为鲜红色至橙红色，具4~10厘米长的花梗；花托呈盘状或短陀螺状；萼片5个，里面为红色，边缘为绿黄色；花瓣5片，为匙形，红色，具黄及白色花斑，长5~7厘米，宽3.7~4厘米，开花后向花萼反卷，瓣柄细长，长约2厘米；雄蕊10枚，红色，长短不等，长3~6厘米，向上弯，花丝粗，下半部被棉毛，花药为红色，长约5毫米；子房长约1.3厘米，黄色，被柔毛，无柄或具短柄，花柱长3~4厘米，柱头小，为截形。荚果为带形，扁平，长30~60厘米，宽3.5~5厘米，稍弯曲，为暗红褐色，成熟时为黑褐色，顶端有宿存花柱；种子20~40颗，为横长圆形，平滑，坚硬，黄色染有褐斑，长约15毫米，宽约7毫米。花期为6月—7月，果期为8月—10月。

凤凰木荚果

凤凰木树

凤凰木花

◆ 腊肠树Cassia fistula Linn ◆

别名：猪肠豆、阿勃勒、波斯皂荚、牛角树、阿里勃勒、大解树。

深圳分布：仙湖植物园、儿童公园、荔枝公园，深圳各地均有栽培。

趣谈

腊肠树的荣誉

腊肠树花是泰国的国花，当地人称其为"Dok Khuen"，其黄色的花瓣象征泰国皇室。

※**形态特征：**落叶小乔木或中等乔木，高可达15米；枝细长；树皮幼时光滑，为灰色；老时粗糙，为暗褐色。叶长30~40厘米，有小叶3~4对，在叶轴和叶柄上无翅亦无腺体；小叶对生，为薄革质，呈阔卵形、卵形或长圆形，长8~13厘米，宽3.5~7厘米，顶端短渐尖而钝，基部呈楔形，边全缘，幼嫩时两面被微柔毛，老时无毛；叶脉纤细，两面均明显；叶柄短。总状花序，长达30厘米或更长，疏散，下垂；花与叶同时开放，直径约4厘米；花梗柔弱，长3~5厘米，下无苞片；萼片呈长卵形，薄，长1~1.5厘米，开花时向后反折；花瓣为黄色，呈倒卵形，近等大，长2~2.5厘米，具明显的脉；雄蕊10枚，其中3枚具长而弯曲的花丝，高于花瓣，4枚短而直，具阔大的花药，其余3枚很小，不育，花药纵裂。荚果为圆柱形，长30~60厘米，直径2~2.5厘米，黑褐色，不开裂，有3条槽纹；种子40~100颗，为横隔膜所分开。花期为6月—8月；果期为10月。

腊肠树叶

腊肠树花

腊肠树

腊肠树荚果

蝶形花科Fabaceae（Papilionaceae）

蝶形花科植物为羽状复叶或三出复叶，少数为单叶，具托叶，蝶形花冠，二体雄蕊，有荚果。

◆ 排钱树Phyllodium pulchellum（Linn.）Desv ◆

别名： 亚婆钱、笠碗子树、午时合、尖叶阿婆钱、排钱草、龙鳞草、圆叶小槐花。

深圳分布： 七娘山、南澳、排牙山、笔架山、葵涌、盐田、三洲田、沙头角、梧桐山、仙湖植物园、羊台山、塘朗山、内伶仃岛。生长于海拔20~600米的海边疏林下或山坡灌丛中。

※形态特征： 灌木，高0.5~2米。小枝被白色或灰色短柔毛。托叶为三角形，长约5毫米，基部宽2毫米；叶柄长5~7毫米，密被灰黄色柔毛；小叶为革质，顶生小叶呈卵形、椭圆形或倒卵形，长6~10厘米，宽2.5~4.5厘米，侧生小叶约比顶生小叶小1倍，先端钝或急尖，基部圆或钝。侧生小叶基部偏斜，边缘稍呈浅波状，上面近无毛，下面疏被短柔毛，侧脉每边6~10条，在叶缘处相连接，下面网脉明显。小托叶呈钻形，长1毫米；小叶柄长1毫米，密被黄色柔毛。伞形花序，有花5~6朵，藏于叶状苞片内，叶状苞片排列成总状圆锥花序状，长8~30厘米或更长；叶状苞片为圆形，直径1~1.5厘米，两面略被

短柔毛及缘毛，具羽状脉；花梗长2~3毫米，被短柔毛；花萼长约2毫米，被短柔毛。花冠为白色或淡黄色，旗瓣长5~6毫米，基部渐狭，具短宽的瓣柄；翼瓣长约5毫米，宽约1毫米，基部具耳，具瓣柄；龙骨瓣长约6毫米，宽约2毫米，基部无耳，但具瓣柄。雌蕊长6~7毫米，花柱长4.5~5.5毫米，近基部处有柔毛。荚果长6毫米，宽2.5毫米，腹、背两缝线均稍缢缩，通常有荚节2个，成熟时无毛或有疏短柔毛及缘毛；种子呈宽椭圆形或近圆形，长2.2~2.8毫米，宽2毫米。花期为7月—9月，果期为10月—11月。

排钱树枝

排钱树叶

◆ 相思子Abrus precatorius Linn ◆

别名：相思豆、红豆（广东）、相思藤、猴子眼（广西）、鸡母珠（台湾）。

深圳分布：七娘山、梧桐山、内伶仃岛，生长于海拔5~200米的河滩草地。

趣谈

"相思子"名字的由来

相传汉代有一男子被强征戍边，其妻终日望归。后同去者归，唯其夫未返，妻念更切，终日立于村前道口树下，朝盼暮望，哭断柔肠，泣血而死。树上忽结荚果，其籽半红半黑，晶莹鲜艳，人们视为贞妻节妇的血泪凝成，称为"红豆"，又叫"相思子"。唐代诗人王维有诗：

红豆生南国，春来发几枝。

劝君多采撷，此物最相思。

诗人根据故事借物抒情表达相思，委婉含蓄，成为千古传诵的名诗。

※**形态特征**：藤本，茎细弱，多分枝，被白色糙毛。羽状复叶，小叶8~13对，膜质，对生，呈近长圆形，长1~2厘米，宽0.4~0.8厘米，先端呈截形，具小尖头，基部呈近圆形，上面无毛，下面被稀疏白色糙伏毛；小叶柄短。总状花序，腋生，长3~8厘米；花序轴粗短；花小，密集呈头状；花萼为钟状，萼齿4浅裂，被白色糙毛；花冠为紫色，旗瓣柄为三角形，翼瓣与龙骨瓣较窄狭；雄蕊9枚；子房被毛。荚果为长圆形，果瓣为革质，长2~3.5厘米，宽0.5~1.5厘米，成熟时开裂，有种子2~6粒；种子为椭圆形，平滑具光泽，上部约三分之二为鲜红色，下部三分之一为黑色。花期为3月—6月，果期为9月—10月。

相思子藤枝　　　　　　　　　　　相思子叶

裂开的相思子荚果

相思子种子

◆ 鸡冠刺桐Erythrina crista-galli Linn ◆

别名：冠刺桐、海红豆、鸡冠豆、美丽刺桐、木本象牙红。

深圳分布：仙湖植物园，深圳各公园、植物园和公共绿地均有栽培。

※形态特征：落叶灌木或小乔木，茎和叶柄稍具皮刺。羽状复叶具3小叶；小叶呈长卵形或披针状长椭圆形，长7~10厘米，宽3~4.5厘米，先端钝，基部呈近圆形。花与叶同出，总状花序顶生，每节有花1~3朵；花为深红色，长3~5厘米，稍下垂或与花序轴呈直角；花萼为钟状，先端二浅裂，雄蕊二体，子房有柄，具细绒毛。荚果长约15厘米，褐色，种子间缢缩；种子大，为亮褐色。

鸡冠刺桐树

鸡冠刺桐花　　　　　　　　　　　　鸡冠刺桐荚果

习　题

1. 海桐花科植物的花冠为＿＿＿＿形，花瓣常有＿＿＿＿。

2. 景天科植物的花＿＿＿，子房＿＿＿位，心皮＿＿＿个，果实为＿＿＿＿果。

3. 含羞草科植物为＿＿＿＿叶，花＿＿＿＿，果实为＿＿＿＿果。

4. 蝶形花科植物的花冠为＿＿＿＿形，＿＿＿＿雄蕊，果实为＿＿＿＿果。

5. "红豆生南国"一句中的红豆是＿＿＿＿的种子。

6. 判断对错：垂盆草是景天科植物，聚伞花序，蒴果。

7. 列举三种蔷薇科常见水果。

海桑科Sonneratiaceae

海桑科植物在我国云南、福建和海南岛等地均有分布，为灌木或乔木，叶对生，全缘，花两性，辐射对称，有蒴果或浆果。

◆ *海桑*Sonneratia caseolaris（Linn.）Engl ◆

别名：剪包树。

深圳分布：福田红树林保护区。常栽培于海岸潮汐地带。

※形态特征：乔木，高5~6米；小枝通常下垂，有隆起的节，幼时具钝4棱，部分锐4棱或具狭翅。叶的形状变异大，呈阔椭圆形、矩圆形至倒卵形，长4~7厘米，宽2~4厘米，顶端钝尖或圆形，基部渐狭而下延成一短宽的柄，中脉在两面稍凸起，侧脉纤细，不明显；叶柄极短，有时不显著。花具短而粗壮的梗；萼筒平滑无棱，为浅杯状，果实呈碟形，裂片平展，通常6个，内面为绿色或黄白色，比萼筒长，花瓣为条状披针形，暗红色，长1.8~2厘米，宽0.25~0.3厘米；花丝为粉红色或上部白色，下部红色，长2.5~3厘米；花柱长3~3.5厘米，柱头为头状。成熟的果实直径长4~5厘米。花期为冬季，果期为春夏季。

海桑枝叶

海桑花

海桑果实

千屈菜科Lythraceae

千屈菜科有些是著名的观赏植物，有些供染料用。叶对生，全缘；花两性，通常辐射对称，花瓣与花萼裂片同数，子房上位；果为革质或膜质，种子多数，无胚乳。

◆ 萼距花Cuphea hookeriana Walp ◆

别名： 细叶萼距花。

深圳分布： 仙湖植物园，深圳各地均有栽培。原产于墨西哥。

※形态特征： 灌木或亚灌木状，高30~70厘米，直立，粗糙，被粗毛及短小硬毛，分枝细，密被短柔毛。叶为薄革质，呈披针形或卵状披针形，部分为矩圆形，顶部的为线状披针形，长2~4厘米，宽5~15毫米，顶端长渐尖，基部为圆形至阔楔形，下延至叶柄，幼时两面被贴伏短粗毛，后渐脱落而粗糙，侧脉约4对，在上面凹下，在下面明显凸起，叶柄极短，长约1毫米。花单生于叶柄之间或近腋生，组成少花的总状花序；花梗纤细；花萼基部上方具短距，带红色，背部特别明显，密被黏质的柔毛或绒毛；花瓣6枚，其中上方2枚特大而显著，为矩圆形，深紫色，波状，具爪，其余4枚极小，为锥形，有时消失；雄蕊11枚，有时12枚，其中5~6枚较长，突出萼筒之外，花丝被绒毛；子房为矩圆形。

萼距枝叶

萼距花

◆ 紫薇Lagerstroemia indica Linn ◆

别名：无皮树、百日红、西洋水杨梅、蚊子花、紫兰花、痒痒花。

深圳分布：深圳各公园及绿地均有栽培。

紫薇花传说

在中国民间有一个关于紫薇花来历的传说。在远古时代，有一种凶恶的野兽名叫年，它伤害人畜无数，于是紫微星下凡，将它锁进深山，一年只准它出山一次。为了监管年，紫微星便化作紫薇花留在人间，给人间带来平安和美丽。传说如果家周围开满了紫薇花，便会给这家带来一生一世的幸福。

紫薇花

白居易

紫薇花对紫微翁，名目虽同貌不同。

独占芳菲当夏景，不将颜色托春风。

浔阳官舍双高树，兴善僧庭一大丛。

何似苏州安置处，花堂栏下月明中。

花语： 沉迷的爱、好运、雄辩、女性。

※形态特征： 落叶灌木或小乔木，高可达7米；树皮平滑，为灰色或灰褐色；枝干多扭曲，小枝纤细，具4棱，略成翅状。叶互生或有时对生，纸质，呈椭圆形、阔矩圆形或倒卵形，长2.5~7厘米，宽1.5~4厘米，顶端短尖或钝形，有时微凹，基部呈阔楔形或近圆形，无毛或下面沿中脉有微柔毛，侧脉3~7对，小脉不明显；无柄或叶柄很短。花为淡红色或紫色、白色，直径3~4厘米，常组成7~20厘米的顶生圆锥花序；花梗长3~15毫米，中轴及花梗均被柔毛；花萼长7~10毫米，外面平滑无棱，但鲜时萼筒有微突起短棱，两面无毛，裂片6个，为三角形，直立，无附属体；花瓣6枚，皱缩，长12~20毫米，具长爪；雄蕊36~42枚，外面6枚着生于花萼上，比其余的长得多；子房3~6室，无毛。蒴果呈椭圆状球形或阔椭圆形，长1~1.3厘米，幼时为绿色至黄色，成熟时或干燥时呈紫黑色，室背开裂；种子有翅，长约8毫米。花期为6月—9月，果期为9月—12月。

紫薇枝叶

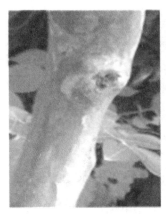

紫薇树皮　　　　　　　　　　　　紫薇花

瑞香科Thymelaeaceae

瑞香科植物茎富含韧皮纤维，单叶互生或对生；单被花，花萼为管状；雄蕊与萼裂片同数或为其2倍，子房上位，有1~2室。

◆ 土沉香Aquilaria sinensis（Lour.）Spreng. ◆

别名：沉香、芄香、崖香、青桂香、栈香、女儿香、牙香树。

深圳分布：笔架山、梧桐山、仙湖植物园，深圳各地均有分布。生长于海拔20~500米的山坡林中和林缘。

※形态特征：乔木，高5~15米，树皮为暗灰色，几平滑，纤维坚韧；小枝为圆柱形，具皱纹，幼时被疏柔毛，后逐渐脱落，无毛或近无毛。叶为革质，呈圆形、椭圆形至长圆形，有时近倒卵形，长5~9厘米，宽2.8~6厘米，先端锐尖或急尖而具短尖头，基部为宽楔形，上面为暗绿色或紫绿色，光亮，下面为淡绿色，两面均无毛，侧脉每边15~20条，在下面更明显，小脉纤细，近平行，不明显，边缘有时被稀疏的柔毛；叶柄长约5~7毫米，被毛。花芳香，黄绿色，多朵，组成伞形花序；花梗长5~6毫米，密被黄灰色短柔毛；萼筒呈浅钟状，长5~6毫米，两面均密被短柔毛，5裂，裂片为卵形，长4~5毫米，先端圆钝或急尖，两面被短柔毛；花瓣10片，呈鳞片状，着生于花萼筒喉部，密被毛；雄蕊10枚，排成1轮，花丝长约1毫米，花药呈长圆形，长约4毫米；子房为卵形，密

被灰白色毛，2室，每室1个胚珠，花柱极短或无，柱头为头状。蒴果果梗短，呈卵球形，幼时为绿色，长2~3厘米，直径约2厘米，顶端具短尖头，基部渐狭，密被黄色短柔毛，2瓣裂，2室，每室具有1个种子，种子为褐色，卵球形，长约1厘米，宽约5.5毫米，疏被柔毛，基部具有附属体，附属体长约1.5厘米，上端宽扁，宽约4毫米，下端呈柄状。花期为春夏，果期为夏秋。

土沉香植株

土沉香叶

土沉香花

土沉香蒴果

土沉香种子

桃金娘科Myrtaceae

桃金娘科植物为常绿木本植物，多含挥发油；单叶对生，有透明油腺点；雄蕊多数，常成束着生于花盘边缘而与花瓣对生，子房为下位或半下位，花柱单生。

◆ 柠檬桉Eucalyptus citriodora Hook. f ◆

别名：靓仔桉。

深圳分布：东湖公园，深圳各地均有栽培。

趣谈

自焚的桉树

澳大利亚的原始丛林中，桉树一代又一代地繁衍生息着。桉树家族浩浩荡荡，绵延万里。小树簇拥在大树的树荫下，一天天地长大，使得丛林越发茂密，到处洋溢着生机勃勃的气息。

然而，幸福的时光总是无法永恒，宁静祥和的桉树丛林也面临巨大的危机。在树林的深处，一棵巨大的老桉树正忧愁地思索着。她是桉树丛林的王者，也是所有桉树的老祖母。就在不久之前，远方的桉树子孙将口信包裹在风中，向她传递了他们所遭遇的苦难。"我们的王啊，请拯救您可怜的子民吧！"风语中夹杂着悲苦的叹息声，那是桉树王的子孙们的求援。"来自欧洲和亚洲的植物已经入侵到了我们的土地。那些杂草与灌木疯狂地生长着，抢夺着我们的土壤养料，带来了虫害和疾病，排挤着我们的幼苗，剥夺着我们头顶的阳光。初生的桉树宝宝们一个个瘦小憔悴，病快快地。照此下去，我族必亡！"

一条又一条诸如此类的求援从四面八方传来，听的桉树王既心痛，又焦急。自古生活在澳洲大陆上，与世无争的桉树哪里会料想到这般情景。喜好安逸的桉树在亚洲与欧洲的入侵植物联合军的攻击下节节败退。拥有更高繁殖能力的杂草与灌木很快便占领了整个桉树林，扎根在桉树的脚边，猖狂地叫嚣了起来。粗壮的藤蔓缠绕着桉树的身躯，尖锐的荆棘扎破了桉树的皮肤。原本富饶的土地顷刻间便被瓜分干净。看着这些霸占着自己家园的入侵者，桉树只能无奈地摇着头，叹息着、盼望着他们的王能够想出解决的办法。

桉树王深情地注视着她的孩子们，内心挣扎着做出了一个悲壮的决定：全体桉树立刻在体内存储大量的桉树油！

桉树们惊呆了，桉树王的这一命令立刻掀起了轩然大波。这也难怪，所有的树木都害怕火烧，因而大树往往喜欢在体内存储大量的水分，用以防火。而此刻，桉树王居然命令他们存储油脂，这不是引火焚身，自取灭亡吗？

但是王的命令是不容反抗的，本着对桉树王的尊敬与信任，桉树们默默地执行着这一指令。在一个雷雨交加的夜晚，一道闪电落下，劈中了桉树丛林。雷电的火花瞬间点燃了充满着油脂的桉树，在桉树油的催化下，森林燃烧起了熊熊的烈火，即便是滂沱大雨也无法浇灭这迅速蔓延的火海。

欧洲与亚洲的入侵植物在烈火中哀号着，随着自焚的桉树一起被焚化为灰烬。大火结束了，曾经的森林已成为布满焦炭的不毛之地。桉树王与她的子孙在这场自己引来的天火中回归了土壤，而与此同时，所有的入侵者也在这场大火中被消灭干净了。

第二年春天，这片被火焰洗礼的荒野之上，竟有嫩绿的幼苗萌发了出来。那是桉树！漫山遍野尽是桉树的幼芽。奇怪了，桉树不是随着大火与入侵植物同归于尽了吗？原来，桉树的种子皮特别厚实，具有一定的防火功能，即便经历了那场大火，也依旧能够在第二年发芽。可那些入侵植物就没有那么幸运了，他们那脆弱的种子当时便在火灾中烤了个熟透。

于是乎，在危机之时，聪明而勇敢的桉树王毅然决定以牺牲自己这一代的生命为代价，彻底地消灭敌人，将家园和土地传承给后代。澳洲的大陆依然是属于桉树的。

花语：华丽、恩赐、回忆。

※形态特征：大乔木，高28米，树干挺直；树皮光滑，灰白色，大片状脱落。幼态叶片为披针形，有腺毛，基部为圆形，叶柄盾状着生；成熟叶片为狭披针形，宽约1厘米，长10~15厘米，稍弯曲，两面有黑腺点，揉之有浓厚的柠檬气味；过渡性叶为阔披针形，宽3~4厘米，长15~18厘米；叶柄长1.5~2厘米。圆锥花序，腋生；花梗长3~4毫米，有2棱；花蕾呈倒卵形，长6~7毫米；萼管长5毫米，上部宽4毫米；帽状体长1.5毫米，比萼管稍宽，先端圆，有一小尖突；雄蕊长6~7毫米，排成2列，花药为椭圆形，背部着生，药室平行。蒴果为壶形，长1~1.2厘米，宽8~10毫米，果瓣藏于萼管内。花期为4月—9月。

柠檬桉树

柠檬桉花　　　　　　　　　　柠檬桉叶

◆ 洋蒲桃Syzygium samarangense（Blume）Merr. et Perry ◆

别名：莲雾、爪雾、天桃。

深圳分布：仙湖植物园，深圳各地均有栽培。

※形态特征：乔木，高12米，嫩枝压扁。叶片为薄革质，呈椭圆形至长圆形，长10~22厘米，宽5~8厘米，先端钝或稍尖，基部变狭，为圆形或微心形，上面干后变为黄褐色，下面多细小腺点，侧脉14~19对，以45度开角斜行向上，离边缘5毫米处互相结合成明显边脉，另在靠近边缘1.5毫米处有一条附加边脉，侧脉间相隔6~10毫米，有明显网脉；叶柄极短，长过4毫米，有时近于无柄。聚伞花序，顶生或腋生，长5~6厘米，有花数朵；花为白色，花梗长约5毫米；萼管为倒圆锥形，长7~8毫米，宽6~7毫米，萼齿4枚，呈半圆形，长4毫米，宽加倍；雄蕊极多，长约1.5厘米；花柱长2.5~3厘米。果实呈梨形或圆锥形，肉质，洋红色，发亮，长4~5厘米，顶部凹陷，有宿存的肉质萼片；种子1颗。花期为3月—4月，果实于5月—6月成熟。

洋蒲桃树

洋蒲桃花

洋蒲桃果实

野牡丹科Melastomataceae

野牡丹科有些可供药用和观赏用，有些可为酸性土的指示植物，有些种的果子可食。叶对生，通常基出脉，花两性，辐射对称；子房为下位或半下位；果包藏于萼管内，为浆果或蒴果。

◆ 银毛野牡丹Tibouchina aspera var. asperrima Cogn ◆

别名：紫牡丹、山石榴（台湾），大金香炉、猪古稔（广东），豹牙兰（云南）。

深圳分布：深圳各公园和绿地均有栽培。

关于银毛野牡丹的民间故事

据说在清朝嘉庆年间，住在水社山区的喜穿紫衣的高山女子美佳，与汉人青年王留相恋。那时汉人与原住民间虽有商业行为但是不相往来，他们想要结婚是不可能被族人同意的，于是在一个夏日的午后他们决定私奔，并相约在一株老樟树下等候。不料午后一场雷雨把樟树劈成两半，先躲在树下的美佳也惨遭雷击。等王留赶到时只看到灰烬中剩下的几片紫衣碎屑混杂在野草当中。不久，草木重新萌芽，开出美丽的紫色花朵，就是野牡丹，族人皆认为是美佳的化身。

花语： 自然。

※形态特征： 灌木，高0.5~1.5米，分枝多；茎为钝四棱形或近圆柱形，密被紧贴的鳞片状糙伏毛，毛扁平边缘流苏状。叶片为坚纸质，呈卵形或广卵形，顶端急尖，基部为浅心形或近圆形，长4~10厘米，宽2~6厘米，全缘，7基出脉，两面被糙伏毛及短柔毛，背面基出脉隆起，被鳞片状糙伏毛，侧脉隆起，密被长柔毛；叶柄长5~15毫米，密被鳞片状糙伏毛。伞房花序，生于分枝顶端，近头状，有花3~5朵，部分为单生，基部具叶状总苞2个；苞片为披针形或狭披针形，密被鳞片状糙伏毛；花梗长3~20毫米，密被鳞片状糙伏毛；花萼长约2.2厘米，密被鳞片状糙伏毛及长柔毛，裂片为卵形或略宽，与萼管等长或略长，顶端渐尖，具细尖头，两面均被毛；花瓣为玫瑰红色或粉红色，呈倒卵形，长3~4厘米，顶端为圆形，密被缘毛；雄蕊长者药隔基部伸长，弯曲，末端2深裂，短者药隔不伸延，药室基部具一对小瘤；子房为半下位，密被糙伏毛，顶端具一圈刚毛。蒴果为坛状球形，与宿存萼贴生，长1~1.5厘米，直径8~12毫米，密被鳞片状糙伏毛；种子镶于肉质胎座内。花期为5月—7月，果期为10月—12月。

银毛野牡丹植株

银毛野牡丹花

◆ 虎颜花Tigridiopalma magnifica C. Chen ◆

别名：熊掌、大莲蓬。

深圳分布：仙湖植物园、梧桐山。生长于海拔约300米的山坡林下阴湿处。

※形态特征：草本，茎极短，被红色粗硬毛，具粗短的根状茎，长约6厘米，略木质化。叶基生，叶片为膜质，呈心形，顶端呈近圆形，基部呈心形，长20~30厘米或更大，边缘具不整齐的啮蚀状细齿，具缘毛，基出脉9对，叶面无毛，基出脉平整，侧脉及细脉微隆起，背面密被糠秕，脉均隆起明显，被红色长柔毛及微柔毛；叶柄为圆柱形，肉质，长10~17厘米或更长，被红色粗硬毛，具槽。蝎尾状聚伞花序腋生，具长总梗（花葶），长24~30厘米，无毛，为钝四棱形；苞片极小，早落；花梗具棱，棱上具狭翅，被糠秕，长8~10毫米，有时具节；花萼呈漏斗状杯形，无毛，具5棱，棱上具皱波状狭翅，顶端平截，萼片极短，为三角状半圆形，顶端点尖，着生于翅顶端；花瓣为暗红色，呈广倒卵形，一侧偏斜，几成菱形，顶端平或斜，具小尖头，长约10毫米，宽约6毫米；雄蕊长者长约18毫米，花药长11毫米，药隔下延成长约1

毫米的短柄，柄基部前方具两小瘤，后方微具三角形短距，短者长12~14毫米，花药长7~8毫米，基部具两小疣，药隔下延成短距；子房为卵形，顶端具膜质冠，5裂，裂片边缘具缘毛。蒴果呈漏斗状杯形，顶端平截，孔裂，膜质冠木栓化，5裂，边缘具不规则的细齿，伸出宿存萼外；宿存萼呈杯形，具5棱，棱上具狭翅，长约1厘米，膜质冠伸出约2毫米，果梗为五棱形，具狭翅，长约2厘米，均无毛。花期约为11月，果期为3月—5月。

虎颜花植株

虎颜花

习题

1. 千屈菜科植物的叶为＿＿＿＿，花为＿＿＿＿，＿＿＿＿胚乳。

2. 紫薇是＿＿＿＿科植物，果实为＿＿＿＿果，种子有＿＿＿＿。

3. 虎颜花是＿＿＿＿科，属国家＿＿＿＿保护植物。

4. 判断对错：海桑是我国重要的红树林树种之一。

5. 列举三种桃金娘科植物。

使君子科Combretaceae

使君子科植物为木质藤本至乔木；萼管与子房合生，且延伸其外成一管；花瓣4~5枚；果为革质或核果状，有翅或有纵棱。

◆ 诃子Terminalia chebula Retz ◆

别名：诃黎勒。

深圳分布：仙湖植物园。

※形态特征：乔木，高可达30米，宽达1米，树皮为灰黑色至灰色，粗裂而厚，枝无毛，皮孔细长，为白色或淡黄色；幼枝为黄褐色，被绒毛。叶互生或近对生，叶片为卵形或椭圆形至长椭圆形，长7~14厘米，宽4.5~8.5厘米，先端短尖，基部钝圆或楔形，偏斜，边全缘或微波状，两面无毛，密被细瘤点，侧脉6~10对；叶柄粗壮，长1.8~2.3厘米，部分达3厘米，距顶端1~5毫米处有2~4个腺体。穗状花序，腋生或顶生，有时又组成圆锥花序，长5.5~10厘米；花多数，两性，长约8毫米；花萼为杯状，淡绿而带黄色，干时变淡黄色，长约3.5毫米，5齿裂，长约1毫米，三角形，先端短尖，外面无毛，内面被黄棕色的柔毛；雄蕊10枚，高出花萼之上；花药小，呈椭圆形；子房为圆柱形，长约1毫米，被毛，干时变为黑褐色；花柱长而粗，锥尖；胚珠2颗，为长椭圆形。核果，坚硬，为卵形或椭圆形，长2.4~4.5厘米，宽1.9~2.3厘米，粗糙，青色，无

毛，成熟时变黑褐色，通常有5条钝棱。花期为5月，果期为7月—9月。

诃子叶

诃子花

诃子核果

◆ 使君子Quisqualis indica Linn ◆

别名：四君子、史君子、舀求子。

深圳分布：深圳各公园均有栽培。

趣谈

"使君子"名字的由来

宋代，潘洲一带有个叫郭使君的郎中，精通医道，深得乡邻尊敬。

一天，他上山采药时被一种结在藤状植物上的果实吸引。果实形如山栀，又似诃子，去壳尝之，其味甘淡，气芳香，于是摘下一些带回家来想研究它的药性。

几天后，郭使君见这些果实未干透，怕久放发霉，就放到锅中炙炒。不一会儿，浓郁的香气弥散开来，诱得年幼的孙子嚷着要吃。使君无奈，就拣出炒熟的三枚给孙子吃。没想到次日早晨孙子解大便时竟排出了几条蛔虫。使君思其缘故，莫非这果儿能驱除蛔虫？于是就又给孙子吃了八九枚。这下可把孙子折腾坏了，又是打嗝，又是呕吐。使君断定是过量中毒，忙用甘草、生姜等给孙子解了毒。几天后，他再次给孙子服食了三四枚，果然孙子又顺利排出了几条蛔虫。使君的孙子本偏食，面黄瘦弱，吃果子不仅驱了虫，而且食欲大增，身体也渐渐强壮起来。

此后，郭使君在行医时，遇到疳积、虫积的患儿，就酌量用这种果实去医治，每获良效。人们问起这果子的名字，郭使君一时想不出，最后应允了大家的叫法，取名"使君子"。

※**形态特征**：攀缘状灌木，高2~8米；小枝被棕黄色短柔毛。叶对生或近对生，叶片为膜质，呈卵形或椭圆形，长5~11厘米，宽2.5~5.5厘米，先端短渐尖，基部钝圆，表面无毛，背面有时疏被棕色柔毛，侧脉7或8对；叶柄长5~8毫米，无关节，幼时密生锈色柔毛。顶生穗状花序，组成伞房花序式；苞片为卵形至线状披针形，被毛；萼管长5~9厘米，被黄色柔毛，先端具广展、外弯、小形的萼齿5枚；花瓣5片，长1.8~2.4厘米，宽4~10毫米，先端钝圆，初为白色，后转为淡红色；雄蕊10枚，不突出冠外，外轮着生于花冠基部，内轮着生于萼管中部，花药长约1.5毫米；子房下位，有胚珠3颗。果呈卵形，短尖，长2.7~4厘米，径1.2~2.3厘米，无毛，具明显的锐棱角5条，成熟时外果皮脆薄，呈青黑色或栗色；种子1颗，为白色，长2.5厘米，宽约1厘米，呈圆柱状纺锤形。花期为初夏，果期为秋末。

使君子树

使君子花

使君子果实

红树科Rhizophoraceae

红树科植物大部分分布于南部海岸，是构成红树林的主要树种，大部分种类的树皮含丰富的单宁，为浸染皮革和渔网的重要原料，又为防风、防浪和碱土指示植物。红树科多属灌木或小乔木，常见于海边；单叶，子房下位或半下位，果为革质，不开裂。

◆ 木榄Bruguiera gymnorrhiza（Linn.）Lam ◆

别名：五梨蛟、鸡爪榄、大头榄、枷定、鸡爪浪、包罗剪定。

深圳分布：葵涌、福田红树林。生于滨海泥滩。

※形态特征：乔木或灌木，树皮为灰黑色，有粗糙裂纹。叶呈椭圆状矩圆形，长7~15厘米，宽3~5.5厘米，顶端短尖，基部为楔形；叶柄为暗绿色，长2.5~4.5厘米；托叶长3~4厘米，淡红色。花单生，盛开时长3~3.5厘米，有长1.2~2.5厘米的花梗；萼平滑无棱，为暗黄红色，裂片11~13个；花瓣长1.1~1.3厘米，中部以下密被长毛，上部无毛或几无毛，2裂，裂片顶端有2~4条刺毛，裂缝间具刺毛1条；雄蕊略短于花瓣；有3~4条棱柱形花柱，长约2厘米，黄色，柱头3~4裂。胚轴长15~25厘米。几乎全年都是在果期。

木榄花

木榄花柱

木榄果实

冬青科Aquifoliaceae

冬青科植物乔木或灌木，单叶互生；花小，单性异株或杂性，花萼3~6裂，常宿存；花瓣4~5枚，雌蕊与花瓣同数并与其互生无花盘；子房上位，果实为浆果状核果。

◆ 铁冬青Ilex rotunda Thunb ◆

别名： 救必应、红果冬青。

深圳分布： 葵涌、三洲田、仙湖植物园，深圳各园林中均有栽培。生长于海拔60~500米的山坡疏林中或林缘。

※形态特征： 常绿灌木或乔木，高可达20米，胸径达1米；树皮为灰色至灰黑色。小枝为圆柱形，挺直，较老枝具纵裂缝，叶痕为倒卵形或三角形，稍隆起，皮孔不明显，当年生幼枝具纵棱，无毛，部分被微柔毛；顶芽为圆锥形，较小。叶仅见于当年生枝上，叶片为薄革质或纸质，呈卵形、倒卵形或椭圆形，长4~9厘米，宽1.8~4厘米，先端短渐尖，基部呈楔形或钝，全缘，稍反卷，叶面为绿色，背面为淡绿色，两面无毛，主脉在叶面凹陷，背面隆起，侧脉6~9对，在两面明显，于近叶缘附近网结，网状脉不明显；叶柄长8~18毫米，无毛，部分被微柔毛，上面具狭沟，顶端具从叶片下延的狭翅；托叶为钻状线形，长1~1.5毫米，早落。聚伞花序或伞形状花序具2~13花，单生于当年

生枝的叶腋内。雄花序总花梗长3~11毫米，无毛，花梗长3~5毫米，无毛或被微柔毛，基部为卵状三角形，小苞片1~2枚或无；花为白色，4基数；花萼为盘状，直径约2毫米，被微柔毛，4浅裂，裂片呈阔卵状三角形，长约0.3毫米，无毛，亦无缘毛；花冠为辐状，直径约5毫米，花瓣为长圆形，长2.5毫米，宽约1.5毫米，开放时反折，基部稍合生；雄蕊长于花瓣，花药为卵状椭圆形，纵裂；退化子房垫状，中央具长约1毫米的喙，喙顶端具5或6片细裂片。雌花序具3~7花，总花梗长约5~13毫米，无毛，花梗长3~8毫米，无毛或被微柔毛。花为白色，5（7）基数；花萼为浅杯状，直径约2毫米，无毛，5浅裂，裂片为三角形，啮齿状；花冠呈辐状，直径约4毫米，花瓣为倒卵状长圆形，长约2毫米，基部稍合生；退化雄蕊长约为花瓣的1/2，败育花药为卵形；子房为卵形，长约1.5毫米，柱头呈头状。果为近球形，部分为椭圆形，直径4~6毫米，成熟时为红色，宿存花萼平展，直径约3毫米，浅裂片为三角形，无缘毛，宿存柱头呈厚盘状，凸起，5~6浅裂；分核5~7个，为椭圆形，长约5毫米，背部宽约2.5毫米，背面具3纵棱及2沟，部分为2棱单沟，两侧面平滑，内果皮为近木质。花期为4月，果期为8月—12月。

铁冬青树

铁冬青果实

铁冬青雄花序

大戟科Euphorbiaceae

大戟科植物常具乳汁，花常单性，雌蕊由3个心皮组成，子房上位，有3室，中轴胎座，有蒴果。

◆ 毛果算盘子Glochidion eriocarpum Champ. ex Benth ◆

别名：漆大姑、漆大伯。

深圳分布：七娘山、梅沙尖、梧桐山，深圳海拔100~300米各山地林缘及路旁均有分布。

※形态特征：灌木，高达5米，小枝密被淡黄色扩展的长柔毛。叶片为纸质，呈卵形、狭卵形或宽卵形，长4~8厘米，宽1.5~3.5厘米，顶端渐尖或急尖，基部为钝、截形或圆形，两面均被长柔毛，下面被较密毛；侧脉每边4~5条；叶柄长1~2毫米，被柔毛；托叶呈钻状，长3~4毫米。花单生或2~4朵簇生于叶腋内；雌花生于小枝上部，雄花则生于下部。雄花花梗长4~6毫米；萼片6片，为长倒卵形，长2.5~4毫米，顶端急尖，外面被疏柔毛；雄蕊3枚。雌花几无花梗；萼片6片，为长圆形，长2.5~3毫米，其中3片较狭，两面均被长柔毛；子房呈扁球状，密被柔毛，有4~5室，花柱合生，呈圆柱状，直立，长约1.5毫米，顶端4~5裂。蒴果呈扁球状，直径8~10毫米，具4~5条纵沟，密被长柔毛，顶端具圆柱状稍伸长的宿存花柱。几乎全年都为花果期。

毛果算盘子枝叶

毛果算盘子花

毛果算盘子蒴果

◆ 变叶木Codiaeum variegatum（Linn.）A. Juss ◆

别名：变色月桂、洒金榕。

深圳分布：笔架山、仙湖植物园、深圳园林科研所，深圳各公园及绿地均有栽培。

花语：变幻莫测、变色龙。

※形态特征：灌木或小乔木，高可达2米。枝条无毛，有明显叶痕。叶为薄革质，形状大小变异很大，多为线形、线状披针形、长圆形、椭圆形、披针形、卵形、匙形、提琴形至倒卵形，有时由长的中脉把叶片分成上下两片。长5~30厘米，宽0.3~8厘米，顶端短尖、渐尖至圆钝，基部为楔形、短尖至钝，边全缘、浅裂至深裂，两面无毛，多为绿色、淡绿色、紫红色、紫红与黄色相

间、黄色与绿色相间，或有时在绿色叶片上散生黄色或金黄色斑点或斑纹；叶柄长0.2~2.5厘米。总状花序腋生，雌雄同株异序，长8~30厘米。雄花为白色，萼片5枚；花瓣5枚，远较萼片小，腺体5枚，雄蕊20~30枚，花梗纤细。雌花为淡黄色，萼片呈卵状三角形，无花瓣，花盘为环状，子房有3室，花往外弯，不分裂；花梗稍粗。蒴果为近球形，稍扁，无毛，直径约9毫米，种子长约6毫米。花期为9月—10月。

变叶木植株　　　　　　　　　　　变叶木叶

无患子科Sapindaceae

无患子科植物通常为羽状复叶；花通常单性，花瓣内侧基部常有腺体或鳞片，花盘发达，位于雄蕊外方，心皮有3个；种子常具假种皮，无胚乳。

◆ 复羽叶栾树Koelreuteria bipinnata Franch ◆

别名：国庆花。

深圳分布：爱国路、银湖公园、人民公园，深圳各公园及公共绿地均有栽培。

※形态特征：乔木，高可达20余米；皮孔为圆形至椭圆形；枝具小疣点。叶平展，为二回羽状复叶，长45~70厘米；叶轴和叶柄向轴面常有一纵行皱曲的短柔毛；小叶9~17片，互生，很少对生，多为纸质或近革质，呈斜卵形，长3.5~7厘米，宽2~3.5厘米，顶端短尖至短渐尖，基部为阔楔形或圆形，略偏斜，边缘有内弯的小锯齿，两面无毛或上面中脉上被微柔毛，下面密被短柔毛，有时杂以皱曲的毛；小叶柄长约3毫米或近无柄。大型圆锥花序，长35~70厘米，分枝广展，与花梗同被短柔毛；萼5裂达中部，裂片为阔卵状三角形或长圆形，有短而硬的缘毛及流苏状腺体，边缘呈啮蚀状；花瓣4片，为长圆状披针形，瓣片长6~9毫米，宽1.5~3毫米，顶端钝或短尖，瓣爪长1.5~3毫米，被长柔毛，鳞片深2裂；雄蕊8枚，长4~7毫米，花丝被白色开展的长柔毛，下半部毛较

多，花药有短疏毛；子房呈三棱状长圆形，被柔毛。蒴果为椭圆形或近球形，具3棱，为淡紫红色，老熟时呈褐色，长4~7厘米，宽3.5~5厘米，顶端钝或圆；有小凸尖，果瓣为椭圆形至近圆形，外面具网状脉纹，内面有光泽；种子为近球形，直径5~6毫米。花期为7月—9月，果期为8月—10月。

复羽叶栾树

复羽叶栾树花

◆ 荔枝Litchi chinensis Sonn ◆

别名：离枝。

深圳分布：梧桐山苗圃、仙湖植物园、罗湖区林果场。深圳低山、果园、村庄、屋旁均有栽培。

趣谈

荔枝的历史资料

我国历代涉及荔枝的文献很多，最早的记录见于汉代的《上林赋》《异物志》和晋代的《南方草木状》等。历代记述荔枝的专文或专著也不少，据目前所知约有10余种，仅吴其濬《植物名实图考长编》一书中转录的就有6种。蔡襄的《荔枝谱》和吴应逵的《岭南荔枝谱》都是有代表性的、比较全面的荔枝专著，详细记述了荔枝的历史资料、产地、品种、种植、虫害、物候、加工和食用等各个方面。《荔枝谱》侧重于福建的材料，《岭南荔枝谱》则侧重于广东的经验和名品，故各有特色。这些文献为荔枝的研究工作提供了极有价值的历史资料。荔枝的栽培品种很多，以成熟期、色泽、小瘤状凸体的显著度和果肉风味等性状予以区分。著名的品种如广东的三月红、玉荷包（早熟）、黑叶、怀枝（中熟）、挂绿、糯米糍（晚熟）等。福建的名品有状元红、陈紫和兰竹等，兰竹不仅品质好，而且适于山区种植。此外，四川的大红袍和楠木叶也是当地的名品。

※**形态特征**：常绿乔木，高通常不超过10米，有时可达15米或更高，树皮为灰黑色；小枝为圆柱状，褐红色，密生白色皮孔。叶连柄长10~25厘米或过之；小叶2对或3对，较少4对，为薄革质或革质，呈披针形或卵状披针形，有时为长椭圆状披针形，长6~15厘米，宽2~4厘米，顶端骤尖或尾状短渐尖，全缘，腹面为深绿色，有光泽，背面为粉绿色，两面无毛；侧脉常纤细，在腹面不很明显，在背面明显或稍凸起；小叶柄长7~8毫米。花序顶生，阔大，多分枝；花梗纤细，长2~4毫米，有时粗而短；萼被金黄色短绒毛；雄蕊6~7枚，有时8枚，花丝长约4毫米；子房密覆小瘤体和硬毛。果为卵圆形至近球形，长2~3.5厘米，成熟时通常为暗红色至鲜红色；种子全部被肉质假种皮。花期为春季，果期为夏季。

荔枝树

荔枝花　　　　　　　　　　　　　　　荔枝果

习 题

1. _____是中药中有效的小儿驱蛔虫药，用药部位是_____。

2. 木榄是_____科，是重要的_____树种。

3. 铁冬青是_____花序，果实为_____形。

4. 无患子科常见的两种水果是_____、_____。

5. 判断对错：大戟科植物都有剧毒，没有可食用的种类。

漆树科Anacardiaceae

漆树科有些种类的果实可食。漆属植物所产的漆和五倍子尤有经济价值。漆树科属乔木或灌木；叶互生，部分对生，为单叶或羽状复叶；花辐射对称；子房上位；有核果。

◆ 杧果Mangifera indica Linn ◆

别名：檬果、芒果、莽果、蜜望子、蜜望、望果、抹猛果、马蒙。
深圳分布：七娘山、仙湖植物园、梧桐山。深圳各地均有栽培。

趣谈

杧果的来历

在印度的佛教和印度教的寺院里都能见到杧果树的叶、花和果的图案。印度教徒认为杧果花的五个花瓣代表爱神卡马德瓦的五支箭。人们一致认为，第一个把杧果介绍到印度以外的人是中国唐朝的高僧玄奘法师，在《大唐西域记》中有"庵波罗果，见珍于世"这样的记载。而后传入泰国、马来西亚、菲律宾和印度尼西亚等东南亚国家，再传到了地中海沿岸国家，直到18世纪后才陆续传到巴西、西印度群岛和美国佛罗里达州等地，这些地方现在都有大片的杧果林。

※**形态特征**：常绿大乔木，高10~20米；树皮为灰褐色，小枝为褐色，无毛。叶为薄革质，常集生枝顶，叶形和大小变化较大，通常为长圆形或长圆状披针形，长12~30厘米，宽3.5~6.5厘米，先端渐尖、长渐尖或急尖，基部呈楔形或近圆形，边缘为皱波状，无毛，叶面略具光泽，侧脉20~25对，斜生，两面突起，网脉不显，叶柄长2~6厘米，上面具槽，基部膨大。圆锥花序，多花密集，被灰黄色微柔毛，分枝开展，基部枝长6~15厘米；苞片为披针形，长约1.5毫米，被微柔毛；花小，杂性，多为黄色或淡黄色；花梗长1.5~3毫米，具节；萼片为卵状披针形，长2.5~3毫米，宽约1.5毫米，渐尖，外面被微柔毛，边缘具细睫毛；花瓣为长圆形或长圆状披针形，长3.5~4毫米，宽约1.5毫米，无毛，里面具3~5条棕褐色突起的脉纹，开花时外卷；花盘膨大，肉质，5浅裂；雄蕊仅一个发育，长约2.5毫米，花药为卵圆形，不育雄蕊3~4枚，具极短的花丝和疣状花药原基或缺；子房为斜卵形，径约1.5毫米，无毛，花柱近顶生，长约2.5毫米。核果较大，为肾形（栽培品种其形状和大小变化极大），长5~10厘米，宽3~4.5厘米，成熟时呈黄色，中果皮为肉质，肥厚，鲜黄色，味甜，果核坚硬。

杧果花

杧果核果

芸香科Rutaceae

芸香科植物为羽状复叶或单复叶，叶常具透明腺点。花盘发达，位于雄蕊内侧。雄蕊常具两轮，外轮对瓣，子房有4~5室，花柱单一。

◆ 柚Citrus maxima（Burm.）Merr ◆

别名：文旦、抛、大麦柑。
深圳分布：皇岗公园。深圳各乡村、果场及公园均有栽培。

趣谈

柚与香橙

柚与橘同时见于公元前3—公元前4世纪我国的文字记载，其时长江一带已有橘和柚种植，并都被选为贡品。但是，我国古书记载的柚是否与现今所称的柚同属一种植物，曾有争议。田中长三郎以日本一些古书和日本民间都叫香橙为Yuzu来推论，认为我国古代所称的柚是香橙而非现今习称的柚。日语的Yu与汉语的柚同音，Yuzu即汉语的柚子。其实，汉语的柚是柚，日语的Yuzu是日本民间的香橙，二者有别。因二者同音就认为中国的柚是日本的香橙，这样的推论是不科学的，而且是本末倒置的。中日两国的文化交流始于秦汉而盛于汉唐。而且早在秦汉以前我国就有关于柚的记载了（见公元前3世纪的作品《韩非子》和《吕氏春秋》）。也就是说，柚先于香橙出现。的确，16世纪时，一些医学著作还有少数本草，把柚与橙混淆了，将柚误认为酸橙以至宽皮橘类。因而《本草唐本志》（1578年）特为这个问题做了澄清。至于4世纪时裴渊的《广州记》、9世纪时柳宗元的诗文中提到的柚，以及12世纪时《桂海虞衡志》《岭外代答》等著作中提及的柚，无疑都是与现今所称的柚同为一个物种。因为南方不产香橙。

※**形态特征**：乔木，嫩枝、叶背、花梗、花萼及子房均被柔毛，嫩叶通常为暗紫红色，嫩枝扁且有棱。叶质颇厚，色浓绿，为阔卵形或椭圆形，连翼叶长9~16厘米，宽4~8厘米，或更大，顶端钝或圆，有时短尖，基部圆，翼叶长2~4厘米，宽0.5~3厘米，个别品种的翼叶甚狭窄。总状花序，有时兼有腋生单花；花蕾为淡紫红色，部分为乳白色；花萼不规则3~5浅裂；花瓣长1.5~2厘米；雄蕊25~35枚，有时部分雄蕊不育；花柱粗长，柱头较子房略大。果为圆球形、扁圆形、梨形或阔圆锥状，横径通常10厘米以上，多为淡黄或黄绿色，杂交品种有朱红色的，果皮甚厚或薄，海绵质，油胞大，凸起，果心实但松软，瓤囊10~15瓣或多至19瓣，汁胞为白色、粉红或鲜红色，少有带乳黄色；种子多达200余粒，亦有无子的，形状不规则，通常近似长方形，上部质薄且常截平，下部饱满，多兼有发育不全的，有明显纵肋棱，子叶为乳白色，单胚。花期为4月—5月，果期为9月—12月。

柚叶

柚花

柚果实

◆ 簕榄花椒 Zanthoxylum avicennae（Lam.）DC. ◆

别名：鸟不宿、鹰不泊、山花椒。

深圳分布：笔架山、梅沙尖、梧桐山。深圳各地均有分布。生长于海拔50~400米的山坡林地和山地疏林中。

※形态特征：落叶乔木，部分可高达15米；树干有鸡爪状刺，刺基部扁圆而增厚，形似鼓钉并有环纹，幼苗的小叶甚小，但多达31片，幼龄树的枝及叶密生刺，各部无毛。叶有小叶11~21片，部分数量较少；小叶通常对生或偶有不整齐对生，多为斜卵形、斜长方形或呈镰刀状，有时呈倒卵形，幼苗小叶多为阔卵形，长2.5~7厘米，宽1~3厘米，顶部短尖或钝，两侧甚不对称，全缘，或中部以上有疏裂齿，鲜叶的油点肉眼可见，也有油点不显的，叶轴腹面有狭窄、绿色的叶质边缘，常呈狭翼状。花序顶生，花多；花序轴及花梗有时为紫红色；雄花梗长1~3毫米；萼片及花瓣均5片；萼片为宽卵形，绿色；花瓣为黄白色，雌花的花瓣比雄花的稍长，长约2.5毫米；雄花的雄蕊有5枚；退化雌蕊2浅裂；雌花有心皮2~3个；退化后的雄蕊极小。果梗长3~6毫米，总梗比果梗长1~3倍；分果瓣为淡紫红色，单个分果瓣径为4~5毫米，顶端无芒尖，油点大且多，微凸起；种子径3.5~4.5毫米。花期为6月—8月，果期为

10月—12月，也有于10月开花的。

簕樲花椒枝叶

簕樲花椒花

簕樲花椒果梗

酢浆草科Oxalidaceae

酢浆草科在我国有3属，南北均产之，其中阳桃为南部著名佳果之一。叶为指状复叶或羽状复叶，花两性，辐射对称，果实为蒴果或肉质的浆果。

◆ 阳桃Averrhoa carambola Linn ◆

别名：洋桃、五稔、五棱果、五敛子、杨桃。

深圳分布：葵涌、梧桐山、仙湖植物园。深圳各地果园均有栽培。

花语：健康食物。

※形态特征：乔木，高可达12米，分枝甚多；树皮为暗灰色，内皮为淡黄色，干后为茶褐色，味微甜而涩。叶为奇数羽状复叶，互生，长10~20厘米；小叶5~13片，全缘，为卵形或椭圆形，长3~7厘米，宽2~3.5厘米，顶端渐尖，基部圆，一侧歪斜，表面为深绿色，背面为淡绿色，疏被柔毛或无毛，小叶柄甚短。花小，微香，数朵至多朵组成聚伞花序或圆锥花序，自叶腋出或着生于枝干上，花枝和花蕾为深红色；萼片5片，长约5毫米，呈覆瓦状排列，基部合成细杯状，花瓣略向背面弯卷，长8~10毫米，宽3~4毫米，背面为淡紫红色，边缘色较淡，有时为粉红色或白色；雄蕊5~10枚；子房有5室，每室有多数胚珠，花柱5枚。果实多肉质浆果，下垂，有5棱，很少6棱或3棱，横切面呈星芒状，长5~8厘米，为淡绿色或蜡黄色，有时带暗红色。种子为黑褐色。花期为4月—

12月，果期为7月—12月。

阳桃树

阳桃花

阳桃浆果

五加科Araliaceae

五加科多木本植物，伞形花序或集成头状花序，5基数。子房下位，每室具一胚珠；果实为浆果或核果。

◆ 鹅掌柴Schefflera octophylla（Lour.）Harms ◆

别名：大叶伞、鸭脚木、鸭母树。

深圳分布：七娘山、三洲田、仙湖植物园。深圳各地均有分布。生长于海拔30~600米的疏林中。

花语：自然、和谐。

※形态特征：乔木或灌木，高2~15米，胸径可达30厘米以上；小枝粗壮，干时有皱纹，幼时密生星状短柔毛，不久毛渐脱稀。叶有小叶6~9片，最多至11片；叶柄长15~30厘米，疏生星状短柔毛或无毛；小叶片为纸质至革质，呈椭圆形、长圆状椭圆形或倒卵状椭圆形，部分为椭圆状披针形，长9~17厘米，宽3~5厘米，幼时密生星状短柔毛，后毛渐脱落，除下面沿中脉和脉腋间外均无毛，或全部无毛，先端急尖或短渐尖，部分为圆形，基部渐狭，呈楔形或钝形，边缘全缘，但在幼树时常有锯齿或羽状分裂，侧脉7~10对，下面微隆起，网脉不明显；小叶柄长1.5~5厘米，中央的较长，两侧的较短，疏生星状短柔毛至无毛。圆锥花序顶生，长20~30厘米，主轴和分枝幼时密生星状短柔毛，后毛

渐脱稀；分枝斜生，有总状排列的伞形花序几个至十几个，间或有单生花1~2朵；伞形花序有花10~15朵；总花梗纤细，长1~2厘米，有星状短柔毛；花梗长4~5毫米，有星状短柔毛；小苞片小，宿存；花为白色，萼长约2.5毫米，幼时有星状短柔毛，后变无毛，边缘近全缘或有5~6小齿；花瓣5~6片，开花时反曲，无毛；雄蕊5~6枚，比花瓣略长；子房5~7室，部分为9~10室；花柱合生成粗短的柱状；花盘平坦。果实为球形，黑色，直径约5毫米，有不明显的棱；宿存花柱很粗短，长1毫米或稍短；柱头为头状。花期为11月—12月，果期为12月。

鹅掌柴树

鹅掌柴枝叶

鹅掌柴果实

马钱科Loganiaceae

马钱科植物为单叶，多羽状脉；花萼4~5裂，花冠4~5裂；雄蕊着生花冠管上或喉部。

◆ 灰莉Fagraea ceilanica Thunb ◆

别名：华灰莉、非洲茉莉、华灰莉木。

深圳分布：仙湖植物园、深圳园林科学研究所，深圳各公园及绿地均有栽培。

※形态特征：乔木，高达15米，有时附生于其他树上呈攀缘状灌木；树皮为灰色。小枝粗厚，为圆柱形，老枝上有凸起的叶痕和托叶痕，全株无毛。叶片稍带肉质，干后变纸质或近革质，为椭圆形、卵形、倒卵形或长圆形，有时长为圆状披针形，长5~25厘米，宽2~10厘米，顶端渐尖、急尖或圆而有小尖头，基部为楔形或宽楔形，叶面为深绿色，干后为绿黄色；叶面中脉扁平，叶背微凸起，侧脉每边4~8条，不明显；叶柄长1~5厘米，基部具有由托叶形成的腋生鳞片，鳞片长约1毫米，宽约4毫米，常与叶柄合生。花单生或组成顶生二歧聚伞花序；花序梗短而粗，基部有长约4毫米的披针形苞片；花梗粗壮，长达1厘米，中部以上有2枚宽卵形的小苞片；花萼为绿色，肉质，干后变为革质，长1.5~2厘米，裂片为卵形至圆形，长约1厘米，边缘膜质；花冠为漏斗状，长

约5厘米，质薄，稍带肉质，白色，芳香，花冠管长3~3.5厘米，上部扩大，裂片张开呈倒卵形，长2.5~3厘米，宽达2厘米，上部内侧有突起的花纹；雄蕊内藏，花丝为丝状，花药为长圆形至长卵形，长5~7毫米；子房为椭圆状或卵状，长5毫米，光滑，有2室，每室有胚珠多颗，花柱纤细，柱头为倒圆锥状或稍呈盾状。浆果为卵状或近圆球状，长3~5厘米，直径2~4厘米，顶端有尖喙，淡绿色，有光泽，基部有宿萼；种子为椭圆状肾形，长3~4毫米，藏于果肉中。花期为4月—8月，果期为7月至翌年3月。

灰莉植株　　　　　　　　　　灰莉花

习题

1. 橘子、黄皮、香橙都是_____科植物，叶常具有_____。

2. 阳桃是_____科植物，叶片由于_____的敏感，受到外力触碰会缓慢闭合。

3. 人参与常见绿化灌木_____都是五加科植物。

4. 芸香科植物为什么多具有特殊香气？

5. 马钱科植物有哪些特点？

夹竹桃科Apocynaceae

夹竹桃科植物具白色乳汁或水汁；单叶对生或轮生，全缘；花萼合生呈筒状或钟状，常5裂；花冠喉部常有副花冠或附属体，花盘呈环状、杯状或舌状。

◆ 鸡蛋花Plumeria rubra Linn. cv. Acutifolia ◆

别名：缅栀、鸭脚木。
深圳分布：仙湖植物园，深圳各公园及公共绿地和庭院均有栽培。

鸡蛋花广受欢迎

在我国西双版纳以及东南亚一些国家，鸡蛋花被佛教寺院定为"五树六花"之一而广泛栽植，故又名"庙树"或"塔树"。

鸡蛋花是老挝国花，也是广东省肇庆市的市花。

花语：孕育希望、复活、新生。

※形态特征：落叶小乔木，高约5米，最高可达8米，胸径15~20厘米；枝条粗壮，带肉质，有丰富的乳汁，绿色，无毛。叶为厚纸质，呈长圆状倒披针形或长椭圆形，长20~40厘米，宽7~11厘米，顶端短渐尖，基部呈狭楔

形，叶面为深绿色，叶背为浅绿色，两面无毛；中脉在叶面凹入，在叶背略凸起，侧脉两面扁平，每边30~40条，未达叶缘网结成边脉；叶柄长4~7.5厘米，上面基部具腺体，无毛。聚伞花序顶生，长16~25厘米，宽约15厘米，无毛；总花梗三歧，长11~18厘米，肉质，绿色；花梗长2~2.7厘米，淡红色；花萼裂片较小，为卵圆形，顶端圆，长和宽约1.5毫米，不张开而压紧花冠筒；花冠外面为白色，花冠筒外面及裂片外面左边略带淡红色斑纹，花冠内面为黄色，直径4~5厘米，花冠筒呈圆筒形，长1~1.2厘米，直径约4毫米，外面无毛，内面密被柔毛，喉部无鳞片；花冠裂片为阔倒卵形，顶端圆，基部向左覆盖，长3~4厘米，宽2~2.5厘米；雄蕊着生在花冠筒基部，花丝极短，花药为长圆形，长约3毫米；心皮2个，离生，无毛，花柱短，柱头为长圆形，中间缢缩，顶端2裂；每个心皮有胚珠多颗。蓇葖双生，广歧，圆筒形，向端部渐尖，长约11厘米，直径约1.5厘米，绿色，无毛；种子为斜长圆形，扁平，长2厘米，宽1厘米，顶端具膜质的翅，翅长约2厘米。花期为5月—10月，栽培的鸡蛋花极少结果，果期一般为7月—12月。

鸡蛋花

◆ 羊角拗Strophanthus divaricatus（Lour.）Hook. et Arn ◆

别名：羊角扭、猫屎壳、断肠草、布渣叶、打破碗。

深圳分布：南澳、梧桐山、笔架山，深圳各地均有分布。生长于海拔50~400米的山地灌木丛中或林缘。

※形态特征：灌木，高达2米，全株无毛，上部枝条蔓延，小枝呈圆柱形，多为棕褐色或暗紫色，密被灰白色圆形的皮孔。叶为薄纸质，呈椭圆状长圆形或椭圆形，长3~10厘米，宽1.5~5厘米，顶端短渐尖或急尖，基部为楔形，边缘全缘或有时略带微波状，叶面为深绿色，叶背为浅绿色，两面无毛；中脉在叶面扁平或凹陷，在叶背略凸起，侧脉通常每边6条，斜曲上升，在叶缘前网结；叶柄短，长5毫米。聚伞花序顶生，通常着花3朵，无毛；总花梗长0.5～1.5厘米，花梗长0.5~1厘米；苞片和小苞片为线状披针形，长5~10毫米；花为黄色，花萼筒长5毫米，萼片为披针形，长8~9毫米，基部宽2毫米，顶端长渐尖，多为绿色或黄绿色，内面基部有腺体；花冠呈漏斗状，花冠筒为淡黄色，长1.2~1.5厘米，下部呈圆筒状，上部渐扩大呈钟状，内面被疏短柔毛，花冠裂片黄色外弯，基部呈卵状披针形，顶端延长成一长尾带状，长达10厘米，基部宽0.4~0.5厘米，裂片内面具由10枚舌状鳞片组成的副花冠，高出花冠喉部，色为白黄色，鳞片每2枚基部合生，生于花冠裂片之间，顶部截形或微凹，长3毫米，宽1毫米；雄蕊内藏，着生在冠檐基部，花丝延长至花冠筒上呈肋状凸起，被短柔毛，花药为箭头形，基部具耳，药隔顶部渐尖成一尾状体，不伸出花冠喉部，各药相连，腹部黏于柱头上；子房为半下位，由2枚离生心皮组成，无毛，花柱为圆柱状，柱头呈棍棒状，顶端浅裂，每个心皮有胚珠多颗；无花盘。蓇葖广叉开，木质，呈椭圆状长圆形，顶端渐尖，基部膨大，长10~15厘米，直径2~3.5厘米，外果皮为绿色，干时为黑色，具纵条纹；种子呈纺锤形，扁平，长1.5~2厘米，宽3~5毫米，中部略宽，上部渐狭而延长成喙，喙长2厘米，轮生

着白色绢质种毛；种毛具光泽，长2.5~3厘米。花期为3月—7月，果期为6月到翌年2月。

羊角拗枝

羊角拗叶

羊角拗花

马鞭草科Verbenaceae

马鞭草科植物常具特殊的气味；叶对生，部分轮生；花两性，常两侧对称，花冠呈高脚碟状，偶为钟形或二唇形；二强雄蕊，子房上位，花柱顶生。

◆ 马缨丹Lantana camara Linn ◆

别名：七变花、如意草、臭草、五彩花、五色梅。

深圳分布：仙湖植物园、罗湖区林果场、民俗文化村，深圳各地均有分布。生长于海拔15~450米的林边、河边、公共绿地、路边、苗圃及沟边草丛中。

花语：开朗、活泼。

※形态特征：直立或蔓性的灌木，高1~2米，有时为藤状，长达4米；茎枝均呈四方形，有短柔毛，通常有短而倒钩状刺。单叶对生，揉烂后有强烈的气味，叶片为卵形至卵状长圆形，长3~8.5厘米，宽1.5~5厘米，顶端急尖或渐尖，基部为心形或楔形，边缘有钝齿，表面有粗糙的皱纹和短柔毛，背面有小刚毛，侧脉约5对；叶柄长约1厘米。花序直径1.5~2.5厘米；花序梗粗壮，长于叶柄；苞片为披针形，长为花萼的1~3倍，外部有粗毛；花萼呈管状，膜质，长约1.5毫米，顶端有极短的齿；花冠为黄色或橙黄色，开花后不久转为深红色，花冠管长约1厘米，两面有细短毛，直径4~6毫米；子房无毛。果为圆球形，直径约4毫米，成熟时为紫黑色。全年开花。

马缨丹枝叶

马缨丹花

马缨丹果

唇形科Labiatae

唇形科植物为草本植物，含挥发性芳香油，茎四棱，叶对生，轮伞花序，唇形花冠，二强雄蕊，花柱基生，有4个小坚果。

◆ 紫苏Perilla frutescens（Linn.）Britt ◆

别名：苏叶、赤苏、皱苏、尖苏、子苏。

深圳分布：沙头角，深圳各地均有栽培。

※形态特征：一年生直立草本植物。茎高0.3~2米，多为绿色或紫色，钝四棱形，具四槽，密被长柔毛。叶为阔卵形或圆形，长7~13厘米，宽4.5~10厘米，先端短尖或突尖，基部为圆形或阔楔形，边缘在基部以上有粗锯齿，多为膜质或草质，两面为绿色或紫色；或仅下面紫色；上面被疏柔毛，下面被贴生柔毛，侧脉7~8对，位于下部者稍靠近，斜上升，与中脉在上面微突起，下面明显突起，色稍淡；叶柄长3~5厘米，背腹扁平，密被长柔毛。轮伞花序2花组成长1.5~15厘米、密被长柔毛、偏向一侧的顶生及腋生总状花序；苞片呈宽卵圆形或近圆形，长宽约4毫米，先端具短尖，外被红褐色腺点，无毛，边缘膜质；花梗长1.5毫米，密被柔毛。花萼为钟形，有10脉，长约3毫米，直伸，下部被长柔毛，夹有黄色腺点，内面喉部有疏柔毛环，结果时增大，长至1.1厘米，平伸或下垂，基部一边肿胀，萼檐为二唇形，上唇宽大，有3齿，中齿较小，下唇比

上唇稍长，有2齿，为披针形。花冠为白色至紫红色，长3~4毫米，外面略被微柔毛，内面在下唇片基部略被微柔毛，冠筒短，长2~2.5毫米，喉部呈斜钟形，冠檐呈近二唇形，上唇微缺，下唇3裂，中裂片较大，侧裂片与上唇相近似。雄蕊4枚，几不伸出，前对稍长，离生，插生喉部，花丝扁平，花药有2室，室平行，其后略叉开或极叉开。花柱先端具相等2浅裂。花盘前方呈指状膨大。小坚果为近球形，灰褐色，直径约1.5毫米，具网纹。花期为8月—11月，果期为8月—12月。

紫苏植株

紫苏花

◆ 凉粉草 Mesona chinensis Benth ◆

别名：仙人伴、仙草、仙人冻、仙人草。

深圳分布：盐田、三洲田、梅沙尖、梧桐山、仙湖植物园。生长于海拔50~950米的林缘、疏林下和沟边湿润处。

※形态特征：草本，直立或匍匐。茎高15~100厘米，分枝或少分枝，茎、枝为四棱形，有时具槽，被脱落的长疏柔毛或细刚毛。叶呈狭卵圆形至阔卵圆形或近圆形，长2~5厘米，宽0.8~2.8厘米，在小枝上者较小，先端急尖或钝，基部急尖、钝或有时圆形，边缘具或浅或深的锯齿，多为纸质或近膜质，两面被细刚毛或柔毛，或仅沿下面脉上被毛，或变无毛，侧脉6~7对，与中肋在上面平坦或微凹，下面微隆起；叶柄长2~15毫米，被平展柔毛。轮伞花序为多数，组成间断或近连续的顶生总状花序，此花序长2~13厘米，直立或斜向上，具短梗；苞片呈圆形或菱状卵圆形，部分为披针形，稍超过或短于花，具短或长的尾状突尖，通常具色泽；花梗细，长3~5毫米，被短毛。花萼开花时呈钟形，长2~2.5毫米，密被白色疏柔毛，脉不明显，呈二唇形，上唇3裂，中裂片特大，先端急尖或钝，侧裂片小，下唇全缘，偶有微缺，结果时花萼为筒状或坛状筒形，长3~5毫米，10脉及多数横脉极明显，其间形成小凹穴，近无毛或仅沿脉被毛。花冠为白色或淡红色，较小，长约3毫米，外被微柔毛，内面在上唇片下方冠筒内略被微柔毛，冠筒极短，喉部极扩大，冠檐为二唇形，上唇宽大，具4齿，两侧齿较高，中央两齿不明显，有时近全缘，下唇全缘，呈舟状。雄蕊4枚，斜外伸，前对较长，后对花丝基部具齿状附属器，其上被硬毛，花药汇合成一室。花柱远超出雄蕊之上，先端具不相等2浅裂。小坚果为长圆形，黑色。花果期为7月—10月。

凉粉草叶

凉粉草花

爵床科Acanthaceae

爵床科植物的茎节常膨大，单叶对生；每花下具1苞片和2小苞片；聚伞花序排列成圆锥状，花冠呈二唇形，雄蕊有4枚或2枚，4枚则为二强；子房上位，中轴胎座；果实为蒴果，种子常着生于胎座的钩状物上。

◆ 喜花草Eranthemum pulchellum Andrews ◆

别名： 可爱花。

深圳分布： 仙湖植物园，深圳各公园、庭院和公共绿地均有栽培。

※形态特征： 灌木，高可达2米，枝为四棱形，无毛或近无毛。叶对生，具叶柄，长1~3厘米；叶片通常呈卵形，有时呈椭圆形，长9~20厘米，宽4~8厘米，顶端渐尖或长渐尖，基部为圆形或宽楔形并下延，两面无毛或近无毛，全缘或有不明显的钝齿，侧脉每边8~10条，连同中肋在叶两面凸起，背面明显。穗状花序顶生和腋生，长3~10厘米，具覆瓦状排列的苞片；苞片大，为白绿色，呈倒卵形或椭圆形，长1~25厘米，顶端渐尖或短尾尖，具绿色羽状脉，无缘毛；小苞片呈线状披针形，短于花萼；花萼为白色，长6~8毫米；花冠为蓝色或白色，呈高脚碟状，花冠管长约3厘米，外被微柔毛，冠檐裂片5个，通常呈倒卵形，近相等，长约7毫米；雄蕊2枚，稍外露。蒴果长1~1.6厘米，有种子4粒。

喜花草植株 喜花草花

紫葳科Bignoniaceae

紫葳科植物为乔木、灌木或木质藤本；叶对生；花冠呈钟状或漏斗状，常偏斜；有发育雄蕊4枚；种子扁平，常具翅。

◆ 炮仗花Pyrostegia venusta（Ker–Gawl.）Miers ◆

别名： 黄鳝藤、鞭炮花。

深圳分布： 仙湖植物园、福田商报路，深圳各地均有栽培。

花语： 富贵吉祥、好日子红红火火。

※形态特征： 藤本，具有3叉丝状卷须。叶对生，小叶2~3枚，呈卵形，顶端渐尖，基部呈近圆形，长4~10厘米，宽3~5厘米，上下两面无毛，下面具有极细小分散的腺穴，全缘；叶轴长约2厘米；小叶柄长5~20毫米。圆锥花序着生于侧枝的顶端，长10~12厘米。花萼为钟状，有5小齿。花冠为筒状，内面中部有一毛环，基部收缩，为橙红色，裂片5裂，呈长椭圆形，花蕾时呈镊合状排列，花开放后反折，边缘被白色短柔毛。雄蕊着生于花冠筒中部，花丝为丝状，花药叉开。子房呈圆柱形，密被细柔毛，花柱细，柱头为舌状，扁平，花柱与花丝均伸出花冠筒外。果瓣为革质，舟状，内有种子多列，均具翅，为薄膜质。花期长，在云南西双版纳热带植物园花期可长达半年，通常在1月—6月。

炮仗花藤

炮仗花叶

炮仗花

◆ 吊灯树Kigelia africana（Lam.）Benth ◆

别名：吊瓜树。

深圳分布：仙湖植物园，深圳各公园和绿地均有栽培。

※形态特征：乔木，高13~20米，枝下高约2米，胸径约1米。奇数羽状复叶交互对生或轮生，叶轴长7.5~15厘米；小叶7~9枚，呈长圆形或倒卵形，顶端急

尖，基部呈楔形，全缘，叶面光滑，为亮绿色，背面为淡绿色，被微柔毛，近革质，羽状脉明显。圆锥花序生于小枝顶端，花序轴下垂，长50~100厘米；花稀疏，6~10朵。花萼为钟状，革质，长4.5~5厘米，直径约2厘米，3~5裂齿不等大，顶端渐尖。花冠为橘黄色或褐红色，裂片呈卵圆形，上唇2片较小，下唇3片较大，开展，花冠筒外面具凸起纵肋。雄蕊4枚，2强，外露，花药以个字形着生，药室2个，纵裂。花盘为环状，柱头2裂，子房1室，胚珠多数。果下垂，呈圆柱形，长38厘米左右，直径12~15厘米，坚硬，肥硕，不开裂，果柄长8厘米。种子多数，无翅，镶于木质的果肉内。

吊灯树枝叶　　　　　　　　吊灯树花　　　　　　　　吊灯树果

习 题

1. 夹竹桃科植物的花萼呈_____状。

2. 缅栀是_____的别名。

3. 羊角拗为_____花序，果实为_____果。

4. 唇形科植物含有_____，茎_____棱，_____花序。

5. 爵床科植物的茎节_____，_____花序。

6. 判断对错：紫薇是紫葳科植物。

茜草科Rubiaceae

茜草科植物多为木本，少数为草本。叶对生，很少3枚轮生，通常全缘，具托叶。

◆ 鸡矢藤Paederia foetida Linn ◆

别名： 鸡屎藤、解暑藤、女青、牛皮冻。

深圳分布： 南澳、三洲田、梧桐山，深圳各地均有分布。生长于海拔40~900米的山坡林中、林缘、沟谷边灌丛中或缠绕在灌木上。

※形态特征： 藤本，茎长3~5米，无毛或近无毛。叶对生，纸质或近革质，形状变化很大，多为卵形、卵状长圆形至披针形，长5~15厘米，宽1~6厘米，顶端急尖或渐尖，基部多为楔形或近圆或截平，有时为浅心形，两面无毛或近无毛，有时下面脉腋内有束毛；侧脉每边4~6条，纤细；叶柄长1.5~7厘米；托叶长3~5毫米，无毛。圆锥花序式的聚伞花序腋生和顶生，扩展，分枝对生，末次分枝上着生的花常呈蝎尾状排列；小苞片为披针形，长约2毫米；花具短梗或无；萼管呈陀螺形，长1~1.2毫米，萼檐裂片5裂，裂片呈三角形，长0.8~1毫米；花冠为浅紫色，管长7~10毫米，外面被粉末状柔毛，里面被绒毛，顶部5裂，裂片长1~2毫米，顶端急尖而直，花药背着，花丝长短不齐。果为球形，成熟时近黄色，有光泽，平滑，直径5~7毫米，顶冠以宿存的萼檐裂片和花盘；小坚果无翅，为浅黑色。花期为5月—7月。

鸡矢藤花

鸡矢藤果

鸡矢藤小坚果

晒干的鸡矢藤

◆ 龙船花 Ixora chinensis Lam ◆

别名：山丹、卖子木。

深圳分布：沙头角、梧桐山、仙湖植物园、赤尾村、羊台山、凤凰山、观澜、光明新区、小南山、内伶仃岛。生长于海拔20~350米的山坡路旁、山沟、山地灌丛中和疏林中。深圳各地均有栽培。

花语：争先恐后。

※形态特征：灌木，高0.8~2米，无毛；小枝初时为深褐色，有光泽，老时

呈灰色，具线条。叶对生，有时由于节间距离极短几成4枚轮生，多为披针形、长圆状披针形至长圆状倒披针形，长6~13厘米，宽3~4厘米，顶端钝或圆形，基部短尖或圆形；中脉在上面扁平成略凹入，在下面凸起，侧脉每边7~8条，纤细、明显，近叶缘处彼此连接，横脉松散、明显；叶柄极短而粗或无；托叶长5~7毫米，基部较阔，合生成鞘形，顶端长渐尖，渐尖部分呈锥形，比鞘长。花序顶生，多花，具短总花梗；总花梗长5~15毫米，与分枝均呈红色，罕有被粉状柔毛，基部常有小型叶2枚承托；苞片和小苞片微小，成对生于花托基部；花有花梗或无；萼管长1.5~2毫米，萼檐4裂，裂片极短，长0.8毫米，短尖或钝；花冠为红色或红黄色，盛开时长2.5~3厘米，顶部4裂，裂片呈倒卵形或近圆形，扩展或外反，长5~7毫米，宽4~5毫米，顶端钝或圆形；花丝极短，花药为长圆形，长约2毫米，基部2裂；花柱短伸出冠管外，柱头2个，初时靠合，盛开时叉开，略下弯。果为近球形，双生，中间有1沟，成熟时为红黑色；种子长、宽4~4.5毫米，上面凸，下面凹。花期为5月—7月。

龙船花

菊科Asteraceae

菊科植物常多草本。叶多互生。头状花序,有总苞;花冠合生,聚药雄蕊。子房下位,1室,1胚珠。瘦果,顶端常有冠毛或鳞片。

◆ 鬼针草Bidens pilosa Linn ◆

别名:鬼碱草、白鬼针、刺针草、钢叉草、跟人走。

深圳分布:龙岗、梧桐山、东湖公园,深圳各地均有分布。生长于海拔50~300米的村旁、路边及旷野。

※形态特征:一年生草本,茎直立,高30~100厘米,钝四棱形,无毛或上部被极稀疏的柔毛,基部直径可达6毫米。茎下部叶较小,3裂或不分裂,通常在开花前枯萎,中部叶具长1.5~5厘米无翅的柄,三出,小叶3枚,很少为具5(7)小叶的羽状复叶,两侧小叶呈椭圆形或卵状椭圆形,长2~4.5厘米,宽1.5~2.5厘米,先端锐尖,基部近圆形或阔楔形,有时偏斜,不对称,具短柄,边缘有锯齿,顶生小叶较大,为长椭圆形或卵状长圆形,长3.5~7厘米,先端渐尖,基部渐狭或近圆形,具长1~2厘米的柄,边缘有锯齿,无毛或被极稀疏的短柔毛,上部叶小,3裂或不分裂,呈条状披针形。头状花序,直径8~9毫米,有长1~6(果时长3~10厘米)厘米的花序梗。总苞基部被短柔毛,苞片7~8枚,呈条状匙形,上部稍宽,开花时长3~4毫米,果时长至5毫米,草质,边缘疏被短

柔毛或几无毛，外层托片为披针形，果时长5~6毫米，干膜质，背面为褐色，具黄色边缘，内层较狭，为条状披针形。无舌状花，呈盘花筒状，长约4.5毫米，冠檐5齿裂。果为黑色瘦果，条形，略扁，具棱，长7~13毫米，宽约1毫米，上部具稀疏瘤状突起及刚毛，顶端芒刺3~4枚，长1.5~2.5毫米，具倒刺毛。

鬼针草植株　　　　　　　　　　　　　鬼针草花

棕榈科Arecaceae

棕榈科植物为乔木、灌木或攀缘状多刺植物。茎单生或丛生，地上不分枝。叶呈螺旋状排列，羽状或掌状分裂；叶鞘常具网状纤维或利刺；花序为佛焰苞状；果实为核果或浆果，具核，为纤维质或坚果状。

◆ 董棕Caryota urens Linn ◆

别名：国王葵。

深圳分布：仙湖植物园，深圳各公园及城市绿地均有栽培。

※**形态特征**：乔木状，高5~25米，直径25~45厘米，茎为黑褐色，膨大或不膨大呈花瓶状，表面被白色的毡状绒毛，具明显的环状叶痕。叶长5~7米，宽3~5米，弓状下弯；羽片呈宽楔形或狭的斜楔形，长15~29厘米，宽5~20厘米，幼叶为近革质，老叶为厚革质，最下部的羽片紧贴于分枝叶轴的基部，边缘具规则的齿缺基部以上的羽片渐成狭楔形，外缘笔直，内缘斜伸或弧曲成不规则的齿缺且延伸呈尾状渐尖，最顶端的1羽片为宽楔形，先端2~3裂；叶柄长1.3~2米，背面凸圆，上面凹，基部直径约5厘米，被脱落性的棕黑色的毡状绒毛；叶鞘边缘具网状的棕黑色纤维。佛焰苞长30~45厘米；花序长1.5~2.5米，具多数、密集的穗状分枝花序，长1~1.8米；花序梗为圆柱形，粗壮，直径5~75厘米，密被覆瓦状排列的苞片，雄花花萼与花瓣被脱落性的黑褐色毡状绒毛，萼片为

近圆形，盖萼片大于被盖的侧萼片，表面不具疣状凸起，边缘具半圆齿，雄蕊30~100枚，花丝短，近白色，花药为线形；雌花与雄花相似，但花萼稍宽，花瓣较短，退化雄蕊3枚，子房呈倒卵状三棱形，柱头无柄，2裂。果实为球形至扁球形，直径1.5~2.4厘米，成熟时为红色。种子1~2颗，为近球形或半球形，胚乳呈嚼烂状。花期为6月—10月，果期为5月—10月。

董棕树

露兜树科Pandanaceae

　　露兜树科植物为乔木或灌木。叶常螺旋状集生枝梢。雌雄异株，圆锥花序成密集的花簇，花被片仅存遗迹或缺，花序初时为佛焰状或叶状苞。果实为聚花果，由多数核果状或木质果集合而成。

◆ 露兜树Pandanus tectorius Sol ◆

别名：箐芦。

深圳分布：梧桐山和仙湖植物园。生长于海拔50~100米的山坡林边或旷野。

※形态特征：常绿分枝灌木或小乔木，常左右扭曲，具多分枝或不分枝的气根。叶簇生于枝顶，三行紧密呈螺旋状排列，条形，长达80厘米，宽4厘米，先端渐狭成一长尾尖，叶缘和背面中脉均有粗壮的锐刺。雄花序由若干穗状花序组成，每一穗状花序长约5厘米；佛焰苞为长披针形，长10~26厘米，宽1.5~4厘米，近白色，先端渐尖，边缘和背面隆起的中脉上具细锯齿；雄花芳香，雄蕊常为10余枚，最多可达25枚，着生于长达9毫米的花丝束上，呈总状排列，分离花丝长约1毫米，花药为条形，长3毫米，宽0.6毫米，基着药，药基为心形，药隔顶端延长的小尖头长1~1.5毫米；雌花序头状，单生于枝顶，呈圆球形；佛焰苞多枚，为乳白色，长15~30厘米，宽1.4~2.5厘米，边缘具疏密相间的细锯齿，心皮5~12枚合为一束，中下部联合，上部分离，子房上位，5~12室，

每室有1颗胚珠。聚花果大，向下悬垂，由40~80个核果束组成，为圆球形或长圆形，长达17厘米，直径约15厘米，幼果为绿色，成熟时为橘红色；核果束呈倒圆锥形，高约5厘米，直径约3厘米，宿存柱头稍凸起呈乳头状、耳状或马蹄状。花期为1月—5月。

露兜树　　　　　　　　　　　　露兜树幼果

天南星科Araceae

天南星科植物为草本。叶具网状脉。肉穗花序，通常具彩色佛焰苞。

◆ *海芋*Alocasia macrorrhiza（Linn.）Schott ◆

别名：姑婆芋、野山芋、广东狼毒、隔河仙、羞天草、滴水观音。

深圳分布：笔架山、仙湖植物园、内伶仃岛，深圳各地均有分布。生长于海拔10~600米的山坡林下潮湿地、沟谷林中、村落及旷野荒地。

※形态特征：大型常绿草本植物，具匍匐根茎，有直立的地上茎，随植株的年龄和人类活动干扰的程度不同，茎高有不到10厘米的，也有高达3~5米的，粗10~30厘米，基部长出不定芽条。叶多数，叶柄为绿色或污紫色，呈螺旋状排列，粗厚，长可达1.5米，基部连鞘宽5~10厘米，展开；叶片为亚革质，草绿色，呈箭状卵形，边缘为波状，长50~90厘米，宽40~90厘米，有的长宽都在1米以上，后裂片联合1/5~1/10，幼株叶片联合较多；前裂片为三角状卵形，先端锐尖，长胜于宽，I级侧脉9~12对，下部的粗如手指，向上渐狭；后裂片为圆形，弯缺锐尖，有时几达叶柄，后基脉互交呈直角或锐角。叶柄和中肋变黑色、褐色或白色。花序柄2~3枚丛生，呈圆柱形，长12~60厘米，通常为绿色，有时为污紫色。佛焰苞管部为绿色，长3~5厘米，粗3~4厘米，呈卵形或短椭圆形；檐部蕾时为绿色，花时为黄绿色、绿白

色，凋萎时变黄色、白色，舟状，长圆形，略下弯，先端为喙状，长10~30厘米，周围4~8厘米。肉穗花序为芳香，雌花序为白色，长2~4厘米，不育雄花序为绿白色，长2.5~6厘米，能育雄花序为淡黄色，长3~7厘米；附属器为淡绿色至乳黄色，呈圆锥状，长3~5.5厘米，粗1~2厘米，嵌以不规则的槽纹。浆果为红色，卵状，长8~10毫米，粗5~8毫米，种子1~2枚。花期为四季，但在密阴的林下常不开花。

海芋植株

海芋佛焰苞

海芋浆果

习题

1. 龙船花的果为_____形。

2. 向日葵是_____科植物，_____花序。

3. 露兜树雌雄_____，果实为_____果。

4. 下列哪种芋可以食用_____。

A. 海芋　　　B. 芋艿　　　C. 野山芋　　　D. 洋芋

5. 判断对错：

（1）棕榈科植物是双子叶植物。

（2）茜草科植物都有托叶。

莎草科Cyperaceae

莎草科为草本植物。秆三棱柱形，实心，无节，有封闭的叶鞘，叶三列，果实为小坚果。

◆ 风车草Cyperus alternifolius Linn ◆

别名：旱伞草。

深圳分布：南澳、仙湖植物园、东湖公园。深圳各公园、公共绿地、花园和村落均有逸生和栽培。生长于海拔50~100米的湿草地和浅水中。

※形态特征：根状茎短，粗大，须根坚硬。秆稍粗壮，高30~150厘米，近圆柱状，上部稍粗糙，基部包裹有无叶的鞘，鞘为棕色。苞片20枚，长几相等，较花序长约2倍，宽2~11毫米，向四周展开，平展；多次复出长侧枝聚伞花序具多数第一次辐射枝，辐射枝最长达7厘米，每个第一次辐射枝具4~10个第二次辐射枝，最长达15厘米；小穗密集于第二次辐射枝上端，呈椭圆形或长圆状披针形，长3~8毫米，宽1.5~3毫米，压扁，具6~26朵花；小穗轴不具翅；鳞片呈紧密的复瓦状排列，膜质，卵形，顶端渐尖，长约2毫米，苍白色，具锈色斑点，或为黄褐色，具3~5条脉；雄蕊3枚，花药为线形，顶端具刚毛状附属物；花柱短，柱头3个。小坚果为椭圆形，近于三棱形，长为鳞片的1/3，褐色。花两性，花果期为8月—9月。

风车草植株   风车草小穗

禾本科Poaceae

禾本科为草本植物。茎秆为圆筒形，节间中空，叶二列互生，由叶片、叶鞘和叶舌三部分组成。叶片为带形，叶鞘开口。小穗是构成花序的基本单位，每个小穗由小穗轴、颖片和小花组成，每个小花由外稃、内稃和花组成。有颖果。

◆ 佛肚竹Bambusa ventricosa McClure ◆

别名：佛肚、佛竹、密节竹、小佛肚竹、大肚竹、葫芦竹。

深圳分布：深圳各园林中均有栽培。

竹大受欢迎

竹竿挺拔，修长，四季青翠，傲雪凌霜，备受中国人喜爱，与梅、兰、菊并称为"四君子"，与梅、松并称为"岁寒三友"，古今文人墨客，爱竹咏竹者众多。

竹之十德

竹身形挺直，宁折不弯，曰正直；竹虽有节，却不止步，曰奋进；竹外直中通，襟怀若谷，曰虚怀；竹有花深埋，素面朝天，曰质朴；竹一生一花，死亦无悔，曰奉献；竹玉竹临风，顶天立地，曰卓尔；竹虽曰卓尔，却不似松，曰善群；竹质地犹石，方可成器，曰性坚；竹化作符节，苏武秉持，曰操守；竹载文传世，任劳任怨，曰担当。

诗 经

瞻彼淇奥，绿竹猗猗。有匪君子，如切如磋，如琢如磨。

慈姥竹

李 白

当涂县北有慈姥山，积石俯江，岸壁峻绝，风涛汹涌。其山产竹，圆体疏节，堪为箫管，声中音律。

野竹攒石生，含烟映江岛。

翠色落波深，虚声带寒早。

龙吟曾未听，凤曲吹应好。

不学蒲柳凋，贞心尝自保。

洗然弟竹亭

孟浩然

吾与二三子，平生结交深。

俱怀鸿鹄志，昔有鹡鸰心。

逸气假毫翰，清风在竹林。

达是酒中趣，琴上偶然音。

※**形态特征**：正常竿高8~10米，直径3~5厘米，尾梢略下弯，下部稍呈"之"字形曲折；节间为圆柱形，长30~35厘米，幼时无白蜡粉，光滑无毛，下部略微肿胀；竿下部各节于箨环之上下方各环生一圈灰白色绢毛，基部第一、二节上还生有短气根；分枝常自竿基部第三、四节开始，各节具1~3枝，其枝上的小枝有时短缩为软刺，竿中上部各节为数至多枝簇生，其中有3枝较为粗长。畸形竿通常高25~50厘米，直径1~2厘米，节间短缩而其基部肿胀，呈瓶状，

长2~3厘米；竿下部各节于箨环之上下方各环生一圈灰白色绢毛带；分枝习性稍高，且常为单枝，均无刺，其节间稍短缩而明显肿胀。箨鞘早落，背面完全无毛，干时纵肋显著隆起，先端为近于对称的宽拱形或近截形；箨耳不相等，边缘具弯曲继毛，大耳呈狭卵形至卵状披针形，宽5~6毫米，小耳呈卵形，宽3~5毫米；箨舌高0.5~1毫米，边缘被极短的细流苏状毛；箨片直立或外展，易脱落，呈卵形至卵状披针形，基部稍作心形收窄，其宽度稍窄于箨鞘之先端。叶鞘无毛；叶耳呈卵形或镰刀形，边缘具数条波曲继毛；叶舌极矮，近截形，边缘被极短细纤毛；叶片为线状披针形至披针形，长9~18厘米，宽1~2厘米，上表面无毛，下表面密生短柔毛，先端渐尖具钻状尖头，基部呈近圆形或宽楔形。假小穗单生或以数枚簇生于花枝各节，呈线状披针形，稍扁，长3~4厘米；先出叶呈宽卵形，长2.5~3毫米，具2脊，脊上被短纤毛，先端钝；具芽苞片1或2片，呈狭卵形，长约4~5毫米，13~15脉，先端急尖；小穗含两性小花6~8朵，其中基部1朵或2朵和顶生2朵或3朵，常为不孕性；小穗轴节间形扁，长2~3毫米，顶端膨大呈杯状，其边缘被短纤毛，颖常无或仅1片，为卵状椭圆形，长6.5~8毫米，具15~17脉，先端急尖；外稃无毛，为卵状椭圆形，长约9~11毫米，具19~21脉，脉间具小横脉，先端急尖；内稃与外稃近等长，具2脊，脊近顶端处被短纤毛，脊间与脊外两侧均各具4脉，先端渐尖，顶端具一小簇白色柔毛；长约2毫米，边缘上部被长纤毛，前方两片形状稍不对称，后方1片为宽椭圆形；花丝细长，花药为黄色，长6毫米，先端钝；子房具柄，为宽卵形，长1~1.2毫米，顶端增厚而被毛，花柱极短，被毛，柱头3分，长约6毫米，呈羽毛状。颖果未见。

佛肚竹树

佛肚竹竿

◆ 稻Oryza sativa Linn ◆

别名：水稻、稻子、稻谷、禾。

深圳分布：排牙山、仙湖植物园、南山，深圳农村均有栽培。

趣谈

锄 禾

李 绅

锄禾日当午，汗滴禾下土。

谁知盘中餐，粒粒皆辛苦。

※**形态特征**：一年生水生草本。秆直立，高0.5~1.5米，随品种而异。叶鞘松弛，无毛；叶舌为披针形，长10~25厘米，两侧基部下延长成叶鞘边缘，具2枚镰形抱茎的叶耳；叶片为线状披针形，长40厘米左右，宽约1厘米，无毛，粗糙。圆锥花序大型疏展，长约30厘米，分枝多，棱粗糙，成熟期向下弯垂；小

穗含一成熟花，两侧甚压扁，呈长圆状卵形至椭圆形，长约10毫米，宽2~4毫米；颖极小，仅在小穗柄先端留下半月形的痕迹，退化外稃2枚，呈锥刺状，长2~4毫米；两侧孕性花外稃质厚，具5脉，中脉成脊，表面有方格状或小乳状突起，厚纸质，遍布细毛，端毛较密，有芒或无芒；内稃与外稃同质，具3脉，先端尖而无喙；雄蕊6枚，花药长2~3毫米。颖果长约5毫米，宽约2毫米，厚1~1.5毫米；胚比较小，约为颖果长的1/4。

稻田

稻穗

旅人蕉科Strelitziaceae

旅人蕉科为常绿乔木状草本植物。干直立，不分枝。叶成两纵列排于茎顶，呈窄扇状，叶片为长椭圆形。蝎尾状聚伞花序腋生，总苞船形，白色。

◆ 旅人蕉Ravenala madagascariensis Sonn ◆

别名： 旅人木、扇芭蕉。

深圳分布： 深圳各公园均有栽培。

趣谈

仅仅是传说

地处热带的非洲沙漠，非常干燥，可是也有天然的饮水站，这个饮水站不是清泉，而是一种植物，叫作旅人蕉。

据说很久以前，非洲内陆有一支骆驼商队，在干旱炎热的沙漠中行走了几天几夜，迷失了方向，干粮吃完了，水也喝尽了，正当他们一筹莫展的时候，突然发现了沙漠中的旅人蕉。他们想折些叶片喂骆驼，没曾想在叶片折断处流出大量的清水，于是他们得救了。庆幸之余，他们认为这种植物是旅行者的救护神，故称之为"旅人蕉"，亦有人形象地称之为"水树"。

※**形态特征：** 树干像棕榈，高5~6米（原产地高可达30米）。叶呈两行排

列于茎顶，像一把大折扇，叶片为长圆形，似蕉叶，长达2米，宽达65厘米。花序腋生，花序轴每边有佛焰苞5~6枚，长25~35厘米，宽5~8厘米，内有花5~12朵，排成蝎尾状聚伞花序；萼片为披针形，长约20厘米，宽12毫米，革质；花瓣与萼片相似，唯中央1枚稍狭小；雄蕊为线形，长15~16厘米，花药长为花丝的2倍；子房扁压，长4~5厘米，花柱约与花被等长，柱头为纺锤状。蒴果开裂为3瓣；种子呈肾形，长10~12厘米，宽7~8毫米，被碧蓝色撕裂状假种皮。

旅人蕉树

旅人蕉种子

兰科Orchidaceae

兰科为草本植物。花两侧对称，形成唇瓣，雄蕊与雌蕊结合为合蕊柱，雄蕊1枚或2枚，花粉粒通常黏合成花粉块，子房下位。种子微小。

◆ 墨兰Cymbidium sinense（Jackson ex Andr.）Willd ◆

别名：报岁兰。

深圳分布：七娘山、三洲田、梅沙尖。生长于海拔300~500米的山沟边。

趣谈

兰的成就

自宋代开始，兰则单指兰科植物的地生兰。黄庭坚称："一干一华而香有余者，兰；一干数华而香不足者，蕙。"这是区别春兰和蕙兰最初的标准。南宋绍定六年（1233年）赵时庚发表了我国第一部兰花专著《金漳兰谱》。兰为兰科（Orchidaceae）兰属（Cymbidium）70多种植物的通称。古时为文人墨客所称颂的国兰包含了地生兰中的春、墨、建、蕙、寒五大类。

孔子家语·在厄

芝兰生于深林，不以无人而不芳；

君子修道立德，不谓穷困而改节。

※形态特征：地生植物，假鳞茎卵球形，长2.5~6厘米，宽1.5~2.5厘米，包藏于叶基之内。叶3~5枚，带形，近薄革质，暗绿色，长45~110厘米，宽1.5~3厘米，有光泽，关节位于距基部3.5~7厘米处。花葶从假鳞茎基部发出，直立，较粗壮，长40~90厘米，一般略长于叶；总状花序具10~20朵或更多的花；花苞片除最下面的1枚长于1厘米外，其余的长4~8毫米；花梗和子房长2~2.5厘米；花的色泽变化较大，较常为暗紫色或紫褐色而具浅色唇瓣，也有黄绿色、桃红色或白色的，一般有较浓的香气；萼片为狭长圆形或狭椭圆形，长2.2~3.5厘米，宽5~7毫米；花瓣近狭卵形，长2~2.7厘米，宽6~10毫米；唇瓣近卵状长圆形，宽1.7~3厘米，不明显3裂；侧裂片直立，多少围抱蕊柱，具乳突状短柔毛；中裂片较大，外弯，亦有类似的乳突状短柔毛，边缘呈略波状；唇盘上2条纵褶片从基部延伸至中裂片基部，上半部向内倾斜并靠合，形成短管；蕊柱长1.2~1.5厘米，稍向前弯曲，两侧有狭翅；花粉团4个，成2对，为宽卵形。蒴果呈狭椭圆形，长6~7厘米，宽1.5~2厘米。花期为10月至次年3月。

墨兰盆栽

墨兰花

习 题

1. 莎草科植物的秆为_____形，_____节，有_____的叶鞘，果实为_____果。

2. 水稻和小麦都是_____科植物。

3. 判断对错：佛肚竹是竹科植物。

4. 请查阅资料，讲述一个与兰文化有关的故事。

第三章

动物简介

深圳属南亚热带海洋性气候，气候温和湿润，雨量充沛，日照时间长，自然条件得天独厚，野生动植物资源较为丰富。据调查，深圳市的陆域脊椎动物总计498种（含亚种），其中山溪鱼类30种，两栖类24种，爬行类59种，鸟类338种，哺乳类47种。深圳陆生脊椎动物生物多样性较高的区域是梧桐山、七娘山、排牙山、田头山、三洲田和马峦山等共同组成的东部山体链，其中梧桐山和七娘山的生物多样性较高。

深圳地区有国家级重点保护动物41种，其中，国家一级保护动物4种，分别为蟒蛇、黑鹳、白肩雕和蜂猴；国家二级重点保护动物37种，分别为唐鱼、虎纹蛙、大壁虎、三线闭壳龟、岩鹭、白琵鹭、黑脸琵鹭、鹗、黑冠鹃隼、凤头蜂鹰、黑翅鸢、黑鸢、白腹海雕、蛇雕、凤头鹰、赤腹鹰、日本松雀鹰、松雀鹰、白腹鹞、普通鵟、灰脸鵟鹰、红隼、燕隼、红脚隼、游隼、小杓鹬、斑尾鹃鸠、褐翅鸦鹃、小鸦鹃、领角鸮、红角鸮、雕鸮、褐鱼鸮、领鸺鹠、斑头鸺鹠、猕猴、穿山甲。

深圳地区的鸟类

龙眼鸡Pyrops candelaria

昆虫纲：Insecta　　同翅目：Homoptera　　蜡蝉科：Fulgoridae

龙眼鸡又叫长鼻蜡蝉，成虫体长20~23毫米（从复眼至腹部末端），头突15~18毫米，翅展有70~81毫米。头背面为褚褐色，微带有绿色光泽；头上有向前上方弯曲的圆锥形突起；头复面散布有不规则的白点。复眼为黑褐色。触角短小。第二节膨大黑色。胸部为褐色；前胸背板中间有两个深凹的小坑；中胸背板前方有4个锥形的黑褐色斑。腹背为黄色，腹面为黑褐色，各节后缘为黄色狭带，腹末肛管为黑褐色。前翅底色为烟褐色，脉纹网状呈绿色并镶有黄边，使全翅呈现墨绿至黄绿色；后翅为黄色，顶角有褐色区。足为黄褐色。

龙眼鸡

危害性：龙眼鸡除危害龙眼、荔枝外，也危害杧果、橄榄、柚子等果树，是热带、亚热带果园中常见的害虫，无论成虫、若虫均吸食寄主枝干汁液，使枝条干枯，树势衰弱；其排泄物还可诱发煤烟病。

橡胶木犀金龟Xylotrupes gideon

昆虫纲：Insecta　　鞘翅目：Coleoptera　　犀金龟科：Dynasitdae

橡胶木犀金龟亦称独角仙，头部和前胸背板处大多有明显突出的分叉角，形似犀牛角，故得名。成虫雌雄异形，雄虫显著大于雌虫，为长椭圆形。体为红棕色到黑褐色，鞘翅颜色常略浅，极光亮。头较小，唇基短小，前缘有两个齿形突起。前足胫节上侧有侧刺3个，中足、后足胫节外侧有4个刺突。

独角仙一年发生1代，成虫通常在每年6月—8月出现，多为夜出昼伏，有一定趋光性，主要以树木伤口处的汁液或熟透的水果为食，对作物、林木基本不造成危害。幼虫以朽木、腐烂植物为食，所以多栖居于树木的朽心、锯末木屑堆、肥料堆和垃圾堆，乃至草房的屋顶间。幼虫期共蜕皮2次，历3龄，成熟幼虫体躯甚大，为乳白色，约有鸡蛋大小，通常弯曲呈"C"形。老熟幼虫在土中化蛹。

橡胶木犀金龟除可作观赏外，还可入药疗疾。入药者为其雄虫，用开水烫死后晾干或烘干备用。中药名独角螂虫，有镇惊、破瘀止痛、攻毒及通便等功能。

橡胶木犀金龟

美凤蝶Papilio memnon

昆虫纲：Insecta　　鳞翅目：Lepidoptera　　凤蝶科：Papilionidae

美凤蝶又名多型蓝凤蝶，为雌雄异形。"memnon"为希腊神话中的埃塞俄比亚国王，这个名字足以显示出这种蝴蝶的雍容华贵。美凤蝶展翅有105~130毫米，雄性翅正面为蓝黑色，呈天鹅绒状，前翅反面基部有一个大红斑，该斑有时也会在前翅正面出现。

美凤蝶成虫爱访花采蜜，雄蝶飞翔力强，很活跃，多在旷野等地狂飞。雌蝶飞行缓慢，常滑翔式飞行。成虫常出现在庭院花丛中，还经常按固定的路线飞行而形成蝶道。

美凤蝶的卵期为4~6天，幼虫期为21~31天，蛹期为12~14天。成虫将卵单产于寄主植物的嫩枝上或叶背面，老熟幼虫在寄主植物的细枝或附近其他植物上化蛹。

美凤蝶

眉纹天蚕蛾Samia cynthia

昆虫纲：Insecta　鳞翅目：Lepidoptera　大蚕蛾科：Saturniidae

眉纹天蚕蛾体型粗大，展翅后宽120~140毫米，翅膀为褐色，各翅中央具眉形淡色斑纹，上翅翅端也具有类似蛇头状斑纹。由于体型较大，色泽艳丽，有人曾誉其为"凤凰蛾"。

雄性成虫一般比雌性体型稍小些，常夜间活动，有趋光性。出现于3月—10月，生活在海拔1200米以下的山区，低海拔山区较普遍。老熟幼虫可吐丝作茧。

眉纹天蚕蛾

习题

1. 美凤蝶是 _____ 目的昆虫。

2. 判断对错：龙眼鸡是一个新品种的家禽。

3. 查阅资料，简述蛾与蝶的几点主要区别。

翠青蛇Cyclophiops major

爬行纲：Reptilia　蛇目：Serpentiformes　游蛇科：Megapodiidae

　　翠青蛇在民间叫作小青蛇，相传就是戏剧《白蛇传》中的小青，大家都对它颇有好感，很少有人无端去伤害它。由于它周身纯绿，又经常迅捷地出没在草丛或山脚下的树林中，因此偶尔也会被错认为是毒蛇竹叶青，屈死在人们的棍棒锄锨下。翠青蛇是一种脾气非常温顺的无毒蛇，性格"内向"，见了人好像特别怕"羞"，犹恐避之不及，既不攻击人，也不咬人。

　　翠青蛇是无毒蛇，而竹叶青是出名的毒蛇。翠青蛇的体型一般比竹叶青大（视品种而定）。竹叶青的头是明显呈三角形的，脖子很细，眼睛为红色或黄色，最外一行鳞片是红色和白色或红白相间，尾巴呈焦红色。翠青蛇眼大，呈黑色，全身为翠绿色，没有花纹，尾很长。

翠青蛇

乌梢蛇Zoacys dhumnades

爬行纲：Reptilia　蛇目：Serpentiformes　游蛇科：Megapodiidae

乌梢蛇又名乌蛇、乌风蛇。乌梢蛇是一种体形较大的无毒蛇，生活在我国东部、中部、东南部和西南的海拔1600米以下的中低山地带，平原、丘陵地带，或低山地乌梢蛇区，常在农田（高举头部警视四周）或沿着水田内侧的田埂下爬行，也在菜地、河沟附近、村落中出现，有时也在山道边上的草丛旁晒太阳。

乌梢蛇行动迅速，反应敏捷，善于逃跑。性温顺，不咬人（和很多蛇类一样，只有在逼急或被人捉到过度惊吓时不得已才咬人）。

乌梢蛇以蛙类（主食）、蜥蜴、鱼类、鼠类等为食（狭食性蛇类）。7月—8月间产卵，每次产7~14枚。由于栖息地破坏及人类大量捕杀，目前野外生存数量大减，应予以保护。乌梢蛇可入药。乌梢蛇皮是京胡与京二胡的专属用皮，具有"黑如缎，白如线"的美感。现在逐步兴起仿生皮，以减少对蛇的捕杀。

乌梢蛇

蟒蛇Python molurus

爬行纲：Reptilia　蛇目：Serpentiformes　蟒蚺科：Boidae

蟒蛇又名亚洲岩蟒、蟒、王蛇、蚺蛇。蟒蛇体形粗大而长，是世界上最大的较原始的蛇类，具有腰带和后肢的痕迹。在雄蛇的肛门附近具有后肢退化的明显角质距，但雌蛇退化较为彻底，很容易被忽略。其体色黑，有云状斑纹，背面有一条黄褐色斑，两侧各有一条黄色条状纹。

蟒蛇常以小麂、小野猪、兔、松鼠和家禽等为食，胃口大，一次可吞食与体重相等或超过体重的动物，消化力强，除猎获物的兽毛外，皆可消化，但饱食后可数月不食。蟒是缠食性动物，攻击猎物的时候，第一步就是顺势绕上身。蟒的身体很特殊，可以感觉到猎物的心跳位置。它会把力量都用在猎物心跳的周围，越缠越紧，越紧越缠，直至猎物身体无法供血，也吸不了氧，最终因呼吸衰竭，心脏停搏，待猎物死亡后，才将其整体吞下。

在我国只有亚洲岩蟒这一种蟒蛇，是国家一级保护野生动物。

蟒蛇

三线闭壳龟Cuora trifasciata

爬行纲：Reptilia　　*龟鳖目*：Testudinata　　*龟科*：Emydidae

　　三线闭壳龟又名金钱龟、金头龟、红边龟。三线闭壳龟头较细长，头背部蜡黄，顶部光滑无鳞，吻钝，上橡略勾曲，喉部和颈部为浅橘红色，头侧眼后有棱形褐斑块。背甲为红棕色，有3条黑色纵纹，中间一条较长（幼体无），前后缘光滑不呈锯齿状。腹甲为黑色，边缘为黄色，背腹甲间、胸盾与腹盾间均借韧带相连，龟壳可完全闭合。腋窝、四肢、尾部的皮肤呈橘红色，指、趾间有蹼。

　　三线闭壳龟栖息于山区溪水地带，喜阳光充足、环境安静、水质清净的地方。三线闭壳龟有群居的习性，它们常在溪边灌木丛中挖洞做窝，白天在洞中，傍晚、夜晚出洞活动较多。由于龟是变温动物，它们的活动完全依赖环境温度的高低，当环境温度达23～28℃时，活动频繁，在10℃以下时，进入冬眠。三线闭壳龟可供食用、药用及观赏。除国内销售外，亦大量出口，数量以吨计。由于长期大量捕捉，数量已逐年减少，为国家二级保护野生动物。

三线闭壳龟

习 题

1. 判断对错：

（1）竹叶青是蛇目游蛇科的一个种类。

（2）蟒蛇是常见爬行类宠物，可以养来玩。

2. 查阅资料：

（1）简述乌梢蛇在传统中药中的价值。

（2）讨论巴西龟、鳄龟与中国本土乌龟的关系。

3. 怎样鉴别翠青蛇与竹叶青？

变色树蜥Calotes versicolor

爬行纲：Reptilia 有鳞目：Squamata 鬣蜥科：Agamidae

变色树蜥又名马鬃蛇、鸡冠蛇，头较大，吻端钝圆，吻棱明显；眼睑发达；鼓膜裸露，无肩褶；体背鳞片具棱，呈复瓦状排列，背鳞尖向后，背正中有一列侧扁而直立的鬣鳞；四肢发达，前后肢有五指、趾，均具爪。头体长80~90毫米，尾长约为头体长的3倍。体为浅灰棕色，背面有5~6条黑棕色黄斑，尾具深浅相间的环纹；眼四周有辐射状黑纹。喉囊明显。生殖季节，雄性头部甚至背面为红色。体色可随环境而变。

许多变色树蜥在遇到危险时能将尾部自割，断下的尾能迅速扭动以分散捕食者的注意，使变色树蜥得以逃脱。许多变色树蜥有领域行为（包括领域表演）或求偶表演。许多种有股孔，可能用来分泌化学物质以吸引异性。变色树蜥的经济意义不大，有些鬣蜥可食，有些可制革。变色树蜥是生物学的重要研究材料，又常饲为玩赏动物。

变色树蜥

大壁虎Gekko gecko

爬行纲：Reptilia　　蜥蜴目：Lacertiformes　　壁虎科：Gekkonidae

　　大壁虎又名蛤蚧、仙蟾、大守宫，体型较大，体长可达30厘米以上，头长大于尾长。背腹面略扁，头呈扁平三角形；皮肤粗糙，全身密生粒状细鳞；体色有深灰色、灰蓝色、青黑色等，头、背部有深灰、蓝褐等颜色的横条纹，全身散布灰白色、砖红色、紫灰色、橘黄色斑点，尾有白色环纹。吻鳞不接鼻孔。背部粒鳞间散布的疣鳞约12~14纵列。指、趾间有微蹼。

　　大壁虎常栖息于山岩或荒野的岩石缝隙、石洞或树洞内，生活于树林、开阔地、山区、荒漠及房屋内。通常在3月—11月活动频繁，12月至翌年1月在岩石缝隙的深处冬眠。其听力较强，但白天视力较差，怕强光刺激，瞳孔经常闭合成一条垂直的狭缝。夜间出来活动和觅食，此时瞳孔可以扩大4倍左右，使其视力增强。其趾端膨大，密被绒毛，绒毛顶端具腺体，能够轻而易举地抓牢物体。其尾巴易断，但能再生。为国家二级保护动物。

大壁虎

黑眶蟾蜍Duttaphrynus melanostictus

两栖纲：Amphibia　　无尾目：Anura　　蟾蜍科：Bufonidae

　　黑眶蟾蜍个体较大，雄蟾体长平均63毫米，雌蟾为96毫米。头部吻至上眼睑内缘有黑色骨质脊棱。皮肤较粗糙，除头顶部无疣，其他部位满布大小不等的疣粒。耳后腺较大，呈长椭圆形。腹面密布小疣柱。所有疣上都有黑棕色角刺。体色一般为黄棕色，有不规则的棕红色花斑。腹面胸腹部的乳黄色上有深灰色花斑。

　　黑眶蟾蜍的适应性强，能在不同环境下生存，主要栖身于阔叶林、河边草丛及农林等地，亦会出没在人类活动的地区，如庭院及沟渠等。全球主要分布在我国华东地区，此外在东南亚等地也均有发现。其具夜行性，日间主要躲藏在土洞及墙缝中休息，至晚间才外出寻找昆虫为食，偶尔也吃蚯蚓等。少跳跃，多以爬行形式活动。在深圳除了红脖游蛇及眼镜蛇因不受其毒液影响外，其他蛇类一般不选择捕食黑眶蟾蜍。

黑眶蟾蜍

斑腿泛树蛙Polypedates megacephalus

两栖纲：Amphibia　　无尾目：Anura　　树蛙科：Rhacophoridae

　　斑腿泛树蛙体色为淡棕色，身体背部为浅棕色，生活于海拔80～2200米的丘陵和山区，常在水塘边的灌丛和草丛中活动。雄蛙体型较雌蛙小。在繁殖季节雄蛙彻夜鸣叫。

　　斑腿泛树蛙分布于我国秦岭以南各省，常栖于树林、稻田及池塘附近，主食农、林业害虫。它的繁殖习性比较特殊，不像一般蛙类产卵于水中，而与大泛树蛙等树栖蛙类一样，在水外产卵，受精卵在水外发育，蝌蚪孵出后，掉落水中继续生长发育，变态后的幼蛙登陆树栖生活。斑腿泛树蛙产出的卵群，既不像蟾蜍的卵群一样呈长带状，也不像一般蛙类的卵群一样呈片状、堆块状或圆饼状，而是散布在一个略呈梨形或球形的泡沫团（称为卵泡团）中。

　　据统计，在深圳19种原生蛙类中，斑腿泛树蛙是唯一在树上生活的品种。

斑腿泛树蛙

习 题

1. 斑腿泛树蛙是_____科两栖动物。

A. 蛙科　　　　　B. 树蛙科　　　　C. 青蛙科　　　　D. 两栖科

2. 判断对错：

（1）大壁虎就是长得个头比较大的壁虎。

（2）各种蛇类都喜欢捕食黑眶蟾蜍。

叉尾太阳鸟Aethopyga christinae

鸟纲：Aves　　雀形目：Passeriformes　　太阳鸟科：Nectariniidae

　　叉尾太阳鸟又名燕尾太阳鸟，身体小而纤弱，雄鸟顶冠及颈背为金属绿色，上体为橄榄色或近黑，腰黄。尾上覆羽及中央尾羽闪辉金属绿色，中央两尾羽有尖细的延长，外侧尾羽黑色而端白。头侧黑色而具闪辉绿色的髭纹和绛紫色的喉斑。下体余部为橄榄白色。雌鸟甚小，上体为橄榄色，下体为浅绿黄。

　　叉尾太阳鸟多见于山中、低山丘陵地带，栖息于山沟、山溪旁和山坡的原始或次生茂密阔叶林边缘，也见于村寨附近的灌树丛中，或活动在热带雨林和油茶林，偶尔也会悬停在空中。叉尾太阳鸟以花蜜为主食，兼捕食飞虫和树丛中的昆虫和蜘蛛等。鸣声婉转动听，鸣声为高颤音，进食时也发出成串的唧唧声。

叉尾太阳鸟

池鹭Ardeola bacchus

鸟纲：Aves　鹳形目：Ciconiiformes　鹭科：Ardeidae

　　池鹭属于典型的涉禽，体长约47厘米，为翼白色、身体具褐色纵纹的鹭。成鸟（夏羽）的头和后颈为栗红色，上背被黑色发状蓑羽，肩羽为褚褐色，羽端转为淡赭黄色；颊和上喉为白色，颊、颈侧和下喉部亦呈栗红色；前颈基部被栗红色杂黑色和赭褐色的松散长羽，悬垂于胸前；下背、腰至尾上覆羽、尾羽及两翅和下体余部皆为白色；初级飞羽的羽干为黑褐色，羽端和最外侧两枚外翔为灰褐色。幼鸟（冬羽）头、颈和前胸满布淡棕黄色的羽毛，呈纵纹状；肩羽和背上的蓑羽为赭褐色，余部皆为白色。

　　池鹭的部分种群为留鸟，部分迁徙，在长江以南繁殖的池鹭多为留鸟，长江以北繁殖的种群全为夏候鸟。栖息于开阔河谷地带的水稻田、湖泊、河流边缘的树林、灌木和苇塘等草丛中，单只或3~5只结小群在河滩沼泽地及水稻田中觅食，性不甚畏人。是以动物性食物为主，兼食少量植物性食物的杂食性鸟类。每晚三两成群飞回群栖处，飞行时振翼缓慢。与其他水鸟混群营巢。通常无声，争吵时发出低沉的呱呱叫声。

池鹭

黑脸琵鹭Platalea minor

鸟纲：Aves　鹳形目：Ciconiiformes　鹭科：Ardeidae

　　黑脸琵鹭又名小琵鹭、黑面鹭、黑琵鹭、琵琶嘴鹭，属中等体型的涉禽，与众不同的特征是生有一个似琵琶或汤匙状的长嘴。后枕部有长羽簇；额至面部皮肤裸露，呈黑色。嘴为黑色，长约20厘米，先端偏平呈匙状。嘴全灰，脸部裸露，皮肤黑色且少扩展。腿长约12厘米，腿与脚趾均黑。雌雄羽色相似，冬羽与夏羽有别，冬羽纯白，羽冠较短；夏羽羽冠及胸羽染黄色。

　　黑脸琵鹭栖息于内陆湖泊、水塘、河口、芦苇沼泽、水稻田、沿海及其岛屿和海边潮间带等湿地环境，喜泥泞水塘、湖泊或泥滩，在水中缓慢前进，嘴往两旁甩动以寻找食物。觅食时通常是用小铲子一样的长喙插进水中，半张着嘴，在浅水中一边涉水前进一边左右晃动头部扫荡，通过触觉捕捉到水底层的鱼、虾、蟹、软体动物、水生昆虫和水生植物等各种生物。喜欢群居，每群为三四只到十几只不等。

黑脸琵鹭

　　黑脸琵鹭分布于亚洲东部沿海地区的中国、俄罗斯、朝鲜、韩国、日本、越南、泰国、菲律宾。

　　黑脸琵鹭繁殖在朝鲜半岛，中国东北可能有繁殖地但尚未被发现。冬季至中国台湾及南部、越南北部，过去曾在菲律宾越冬。

　　黑脸琵鹭迁徙时见于中国东北，于近辽东半岛东侧的小岛上有繁殖记录。春季曾出现在内蒙古东部。冬季南迁至江西、贵州、福建、广东、香港、海南岛和台湾。

　　目前，世界上仅存600余只黑脸琵鹭，多数在中国台湾及香港越冬。因数量稀少，被列为国家二级重点保护动物、中国红色名录濒危（EN）物种。

黑鹳Ciconia nigra

鸟纲：Aves　鹳形目：Ciconiiformes　鹳科：Ciconiidae

黑鹳体态优美，体色鲜明，活动敏捷，为性情机警的大型涉禽。成鸟的体长为1~1.2米，体重2~3千克；嘴长而粗壮，头、颈、脚均很长，嘴和脚为红色。身上的羽毛除胸腹部为纯白色外，其余都是黑色，在不同角度的光线下，可以变幻出多种颜色。在高树或岩石上筑大型的巢，飞翔时头颈伸直。

黑鹳大多数是迁徙鸟类，只有在西班牙为留鸟，仅有少数经过直布罗陀海峡到非洲西部越冬，此外在南非繁殖的种群也不迁徙，仅在繁殖期后向周围地区扩散游荡。黑鹳是白俄罗斯的国鸟，性孤独，常单独或成对活动在水边浅水处或沼泽地上，有时也成小群活动和飞翔。白天活动，晚上多成群栖息在水边沙滩或水中沙洲上。不善鸣叫，活动时悄然无声。性机警而胆小，听觉、视觉均很发达，当人还离得很远时就凌空飞起，故难于接近。2016年被列入濒危物种红色名录易危物种（VU），是国家一级保护动物。

黑鹳

白肩雕Aquila heliaca

鸟纲：Aves　　隼形目：Falconiformes　　鹰科：Accipitridae

　　白肩雕又名御雕，为大型猛禽，体长73~84厘米，体羽为黑褐色，头和颈的颜色较淡，肩部有明显的白斑，在黑褐色的体羽上极为醒目，很远即可看见，这是区别其他雕的主要特征。滑翔时两翅平直，滑翔和翱翔时两翅亦不上举，呈"V"字形；同时飞翔时尾羽收得很紧，不散开，因而尾显得较窄长。幼鸟头皮为黄褐色，背具黄褐色斑点，飞翔时尾常散开呈扇形。

　　白肩雕在中国是候鸟，其中，在新疆为夏候鸟，在其他地区系冬候鸟和旅鸟。迁来和离开中国的时间因地区而不同。常单独活动，或翱翔于空中，或长时间的停息于空旷地区的孤立树上或岩石和地面上。主要在白天活动觅食，多在河谷、沼泽、草地和林间空地等开阔地觅食。2016年被列入濒危物种红色名录濒危物种（EN），是国家一级保护动物。1994年，在深圳湾东侧的双子鲤鱼山发现有7只白肩雕。

白肩雕

游隼Falco peregrines

鸟纲：Aves   隼形目：Falconiformes   隼科：Falconidae

游隼为中型猛禽，翅长而尖，眼周为黄色，颊有一粗的垂直向下的黑色髭纹，头至后颈为灰黑色，其余上体为蓝灰色，尾具数条黑色横带。下体为白色，上胸有黑色细斑点，下胸至尾下覆羽密被黑色横斑。飞翔时翼下和尾下为白色，密布白色横带，常在鼓翼飞翔时穿插着滑翔，也常在空中翱翔，野外容易识别。幼鸟上体为暗褐色，下体为淡黄褐色，胸、腹具黑褐色纵纹。

游隼主要栖息于山地、丘陵、半荒漠、沼泽与湖泊沿岸地带，也到开阔的农田、耕地和村屯附近活动。分布甚广，几乎遍布于世界各地，是阿拉伯联合酋长国和安哥拉的国鸟。游隼一部分为留鸟，一部分为候鸟，有的也在繁殖期后四处游荡。2016年被列入濒危物种红色名录近危物种（NT），是国家二级保护动物。

游隼

习 题

1. 叉尾太阳鸟羽毛艳丽的是＿＿＿＿＿＿＿＿。

2. 池鹭是典型的＿＿＿＿＿＿＿＿，长江以北繁殖的池鹭为＿＿＿＿＿＿＿＿。

3. 黑脸琵鹭的主要栖息地是＿＿＿＿＿＿＿＿＿＿＿。

4. 白肩雕是国家＿＿＿＿＿＿＿＿级保护动物。

5. 下面哪种鸟类属于国家一级保护动物？＿＿＿＿＿＿＿＿

A. 蛇雕　　　B. 白肩雕　　　C. 凤头鹰　　　D. 黑鹳

中华穿山甲Manis pentadactyla

哺乳纲：Mammalia　鳞甲目：Pholidota　穿山甲科：Manidae

　　中华穿山甲是地栖性哺乳动物，体形狭长，全身有鳞甲，四肢粗短，尾扁平而长，背面略隆起，多生活在亚热带的落叶森林中。栖息于丘陵、山麓、平原的树林潮湿地带，喜炎热，能爬树。中华穿山甲多在山麓地带的草丛中或丘陵杂灌丛较潮湿的地方挖穴而居。白昼常匿居洞中，并用泥土堵塞洞口。晚间多出外觅食，昼伏夜出，遇敌时则蜷缩成球状。中华穿山甲主要的食物为白蚁，此外也食蚁及其幼虫、蜜蜂、胡蜂和其他昆虫的幼虫等。食量很大，一只成年中华穿山甲的胃最多可以容纳500克白蚁。

　　对穿山甲的消费需求带来的巨大的经济利益，刺激了不法分子的偷猎捕杀。穿山甲的消费需求主要是两方面，一方面是食用，当前社会还存在着食用野生动物的陋习；另一方面是入药，很多人都相信穿山甲的鳞片有极高的药用价值。这种过度消费所带来的破坏，远远超过了穿山甲种群的自我恢复能力，使穿山甲的数量急剧减少。中华穿山甲是国家二级保护动物。

中华穿山甲

蜂猴Nycticebus coucang

哺乳纲：Mammalia　　灵长目：Primates　　懒猴科：Lorisidae

　　蜂猴又名懒猴、拟猴，体型较小而行动迟缓，是较低等的猴类，体长28~38厘米。两只小耳朵隐藏于毛茸茸的圆脑袋中，眼圆而大。四肢短粗而等长，第二个脚趾还保留着钩爪，尾短而隐于毛丛中。体背为棕灰色或橙黄色，正中有一棕褐色脊纹自顶部延伸至尾基部，腹面为棕色，眼、耳均有黑褐色环斑。

　　蜂猴为典型的东南亚热带和亚热带森林中的树栖性动物，栖于热带雨林、季雨林和南亚热带季风常绿阔叶林，多在原始林中比较高大的树干中上层活动，偶尔亦活动于人工蕉林，大一点的蜂猴喜欢到森林边缘。具夜行性，树栖，极少下地，其活动、觅食、交配、繁殖及眠休等均在树上度过，白天蜷缩成团隐蔽在高大乔木的树洞、枝叶繁茂的树冠附近或浓密枝条的枝叉上休息，黄昏后开始活动觅食，以植物的果实为食，捕食昆虫、小鸟及鸟卵，也喜食蜂蜜。喜单独活动，行动特别缓慢，多为攀爬式运动，不会跳跃，只有在受到攻击时，才有所加快。蜂猴动作虽慢，也有保护自己的绝招，地衣或藻类植物可在其身上生长繁殖，使它有了和生活环境色彩一致的保护衣，很难被敌害发现。2016年被列入濒危物种红色名录濒危物种（EN），是国家一级保护动物。

蜂猴

习 题

1. 中华穿山甲是国家_____级保护动物。

2. 中华穿山甲主要以_____为食。

3. 判断对错：

（1）中华穿山甲能钻山洞，但不会爬树。

（2）蜂猴是群居动物，行动敏捷。